凌志 著

台海出版社

图书在版编目（CIP）数据

适度 / 凌志著. -- 北京：台海出版社，2025. 3.

ISBN 978-7-5168-4097-9

Ⅰ. B848.4-49

中国国家版本馆 CIP 数据核字第 2025VX2971 号

适度

著　　者：凌　志

责任编辑：赵旭雯
封面设计：末末美书

出版发行：台海出版社
地　　址：北京市东城区景山东街 20 号　邮政编码：100009
电　　话：010-64041652（发行、邮购）
传　　真：010-84045799（总编室）
网　　址：www.taimeng.org.cn/thcbs/default.htm
E-mail：thcbs@126.com

经　　销：全国各地新华书店
印　　刷：天津市新科印刷有限公司
本书如有破损、缺页、装订错误，请与本社联系调换

开　　本：710 毫米 × 1000 毫米　　1/16
字　　数：140 千字　　　　　　　印　张：12
版　　次：2025 年 3 月第 1 版　　印　次：2025 年 3 月第 1 次印刷
书　　号：ISBN 978-7-5168-4097-9

定　　价：59.80 元

序言

万物修炼以"度"为首

做饭讲火候，是用急火炒、中火烧还是慢火炖，要因"食"制宜。火太大或太小，要么烧焦煮糊，面目全非；要么不熟不烂，出不来应有的色香味。眼科医生给病人做白内障手术，下刀深浅要适度。下刀过浅割不透白内障，下刀过深就可能损坏眼球。同样，我们干什么事情都得有个"度"，达不到这个"度"不行，超过这个"度"也不行，过与不及，都是偏差。因此，我们倡导"适度"，做到为人处世恰到好处，适可而止，不偏不倚。

人生修炼唯求适度。

"适度"者，"适中"也。亦即：上下左右取适中，东西南北取适中，雅俗美丑取适中。不可只求某一种极致而厚此薄彼、枉废其余。

如今世人都很注重生活品质、生命品位和人生品格的修炼，而"适度"正是这一揽子修炼中必须把握的一把标尺、一只秤砣。

但凡讲人生修炼都离不开道德的养成、情感的淳化、品格的淬砺、性格的磨炼，但人生修炼的精粹、要义、关键是什么？我认为讲究"适度"才是人生修炼的第一大学问。

世界上一切事物及其发展，无论是自然的、人文的、社会的，都有个"度"。"量变到质变"是辩证法告诉人们的最重要的自然法则。人生修炼也必然要遵循这一法则，必然要恪守"中庸"。"中庸"即"适度"，这是中国儒家思想的精髓、中国传统哲学的根本，是朴素的辩证法的精彩表述。

放眼世界，没有什么事物是不讲适度的！

自然界如此——水果要熟，熟了才甜美可口，但不能过熟，过熟则烂，不堪入口；鱼生活的水要清，水清了鱼才不会被污染，才能生长，但水不能过清，过清了鱼则死。

人文领域也如此——人是必须自爱的，不自爱就会变得自轻，但如自爱得过火，只知自爱，而不知爱别人，那就成了自私。

人是必须自重的，不自重就会妄自菲薄，但如自重得过度，总以为老子天下第一，那就成了自大。

人是应该有情的，也可以多情，但不能滥情；人应该有朋友，也可以多交朋友，但不能滥交朋友。

人不应该放纵，而应善于节制。节制欲念，则能修身；节制情绪，则能养气；节制饮食，则能长寿；节制花销，则能致富。人间一切快乐大致都与节制相关。但是，节制也需有度，如果欲念节制过度会如清教徒，情绪节制过度会心如死水，饮食节制过度会得营养不良，金钱节制过度会近乎吝啬。

在我们的生活中，劳碌久了能够休息一下，喧嚣久了能够安宁片刻，都是难得的享受。但是如果我们永远休息、安宁下去，那岂不是死气沉沉，令人窒息，又有何享受可言？体育锻炼、健身运动、有氧活动，能舒筋活血，促进新陈代谢，强健体魄，因此为人们青睐、热衷。但不顾自身条件，不自量力地硬拼蛮干，弄得抽筋、呕吐、咯血、昏迷，甚至在跑步机旁、爬山路上，失去了宝贵的生命，岂不是好事变成了坏事。

人生不讲"度"，难有良好的修为，或事倍功半，或南辕北辙，或舍本逐末，甚至越炼越没了人形，岂能修得人生正果？所谓物极必反，盈后有亏，乐极生悲，花盛极而谢……归结如上，道理都是一样的：任何优点发挥到极端就成了缺点。可见，把握住合适的"度"正是我们穷尽一生都要深钻苦修的一门大学问。

第四章

说话之度——开口之前先动脑

第五章

交友之度——远离损友近益朋

第一章

藏露之度
——或露或藏看时机

　　适度，就是告诉我们做事要做到"恰到好处"。不管是行走社会、混迹职场，还是培养感情、人情往来，欲想左右逢源，处处受人欢迎，需掌握好适度二字。很多时候，半露半藏会让你更加出色。要想被人发现自己的才干，就必须要露出锋芒，但所谓"木秀于林，风必摧之"，过于扎眼的锋芒有时也会带来麻烦。因此，就有必要把握住"露"出锋芒的时机，不该露时就一定要"藏"。

把握好露与藏的分寸

在正确的时机显露才叫锋芒，该藏却露时的招摇只是没有头脑的骄狂。

从学生时代开始，我们就被呼吁"去做那个最优秀的人"。成绩要名列前茅，体能要出类拔萃，要做老师、同学和家长眼里"闪闪发光的人"。于是很多初入社会的人，往往会得到朋友这样的忠告："一定要锋芒毕露，这样才能使你在同辈中脱颖而出，是千里马就应该跑在最前头！"然而，长辈们却往往会告诫他："年轻人切忌锋芒太露，应当收敛自己的个性，藏而不露才能走得更远！"

我们该听信哪一种建议呢？其实，这两种说法都未免过于极端。

藏而不露确实稳妥保险，可是这种稳妥的代价就是你会失去很多人生的机会。可能你拥有别人不具备的特殊才干，也可能你比别人有更多创意、更多灵活的想法，如果你只是深深地把自己埋在自己的一亩三分地上，有好想法不说，有好办法不提，久而久之，就算有一份得天独厚的"灵气"，也被自己给磨灭掉了。

比如求职的时候，除了一张简历，坐在对面的面试官对你一无所知，他不清楚你有什么样的技能，这些技能熟练到哪种水平，也不清楚你的性格如何，是否有与岗位需求相对应的亲和力或专注力。如果这时候你还坚持"抱朴守拙"，把自己的过往成绩和真实水平都谦虚地"藏"起来，难道是在等对面的领导突然福至心灵，一眼看出你超凡脱俗的潜力吗？

升职、加薪的时候也是同样的道理，要想怀才而遇，你就应该在该表现自己的时候才华外露。不露，就没有人知道你拥有的才能；领导不了解你，也就无法重用你、提拔你。如果你把自己的能力一直隐藏起来，时间一久，领导就会认为你是一个无能之辈。老话说"时势造英雄"，为什么每逢大战才出名将？为什么一到乱世就容易出英雄？因为他们在韬光养晦的过程中抓住了时机，尽情展露才华、施展拳脚，成就了自己的一番功名。

露而不藏固然肆意畅快，但有句老话叫"出头的椽子先烂"。才华横溢、锋芒毕露的人做什么事都冲在最前面，过于展示自己的才能或优势，以至于引起了他人的反感或嫉妒，因此也最容易受到伤害。《庄子》中的"直木先伐，甘井先竭"，说的也是这个道理。挺拔的树木容易被伐木者看中，甘甜的井水最容易被喝光。所以，聪明人要学会审时度势地保护自己。

在一部电视剧中，有这样一个片段：

某贫困县新来了位年轻县长，正是血气方刚、踌躇满志的年纪，上任之初就宣布要让这个县在两年之内脱贫致富。他视察了县内的情况后立刻大刀阔斧地撤换班底，推行改革。虽然他颇具才华，提出的方针也很有针对性，但一来年轻气盛，在还没有和当地群众亲近熟悉的情况下就激进的改革，引来了一片质疑的声音；二来没有循序渐进，只凭着一腔热血不断加快改革的节奏，从而遭到了其他干部的抵制，使整个蓝图成了他的独角戏。县里的管理制度在不断的修改下变

得也来越混乱，原本的旧办法不能再实施，新办法也无法满足群众的需求，其他同事不仅没有发挥的余地，原先的工作章程也被打乱了。最终，他的戏越唱越难，他也越来越被孤立，只好挂印走人。

除了上面的例子，我们身边往往还存在着一种自视颇高的人，他们锐气十足，处世不留余地，办事咄咄逼人。虽有充沛的精力，高浓度的热情，但却往往事与愿违，处处受挫。这其中的重要原因就是不懂中庸之道，没有把握好藏与露的关系。

有一位分配到某单位的大学生，从下车间开始，就对单位的人和事这也看不顺眼，那也看不习惯。还未到一个月，他就给领导上了洋洋万言的意见书，上至单位领导的工作作风与方法，下至单位职工的福利，一一综列了现存的问题与弊端，提出了周详的改进意见，好一通威风凛凛的指点。结果三个月实习期到，他既没积累足够的专业知识，也没有得到实践经验上的成长，倒是和车间里的老师傅们个个都闹得不愉快。最后被单位退回学校，实行再分配。在此后的两年内，由于同样的情况，他换了好几个单位，就像一个皮球那样被踢来踢去，而且每一个都比前一个更不如意，搞得他内心极其郁闷。

这位大学生就是锋芒毕露者的典型。在新的人际关系圈子里，他未能处理好包括上下级关系在内的各种关系，加上在工作上又不注意讲究策略与方法，结果不但妨碍了其最大限度地发挥个人的才能，还招来了排斥。这种人就是把社会看得过于简单与理想化，而且不知道应如何改变自己的思维方式，因此，他们往往不能因锋芒毕露而走向成功，还常常因屡受挫折和打击而变得一蹶不振。

做人做事的藏与露是一个大学问，什么时候该藏，什么时候该露，这要靠我们在走进社会的过程中慢慢修炼。

不试，你怎么知道

人类所有伟大成就的起源都是三个字："试一试"。

初中一年级时的一次体育课上，宫老师让男生练习"跳山羊"（就是借助跑步的力量，双手按在叫作"山羊"的障碍物上，跨越过去）。

所有男生中，杜小满个子最矮，而这"山羊"的高度几乎和他的鼻子持平。他认为自己是无论如何也跨不过去的，急得他在原地来回踱步。快轮到他跳时，也没能做好心理准备，只得硬着头皮恳求宫老师说："老师，这也太高了，我肯定跳不过去，拜托给我降低一点吧！"宫老师却很坚决地拒绝了他："这是按照你的身高和弹跳力调整的合理高度，你完全有能力跳过的。不要因为看着有困难就逃避，不试，你怎么知道。"眼见没有商量的余地，杜小满只得壮壮胆子，按老师的指导朝"山羊"一鼓作气跑去，陡然觉得双脚一软，他正惊魂未定，却听见老师大声叫好，原来自己已经站在了海绵垫上，他成功跳过了"山羊"。

师范大学毕业时，学校要求毕业生自谋职业。正好这一年，某省新成立的一所规模很大的民办大学招聘教师，招聘广告铺天盖地，优厚的待遇使前去应聘的达上千人之多。反正填表又不要钱，杜小满便也填了一份，不抱任何希望地等待对方通知面试时间。因为前来应聘的人中，很大一部分都是有丰富教学经验的教师，自己这个初出茅庐者行吗？宫老师那句话回响在他耳边。他下定决心，去试试！

　　试讲后的答辩中，杜小满赢得了评委们的三次掌声。到该校工作后，校长告诉他，在评委们的打分中，他的得分名列第一。在以后的岁月里，宫老师那句"不试，你怎么知道"的话时时激励着他。

　　很多事情，只有试过了，你才会发现，事情并没有你想象的那么难。当面对困难时，鼓起勇气全力以赴地去尝试一下！不试，你怎么知道自己不行呢？

　　五年前的一天，小满的一位文友老洪开始撰写明王朝剧本，老洪的目标是花六年时间，写一本描写明王朝中兴的电视剧剧本，他把自己的业余时间全用在了创作上，而且还花了不少钱购买了各种明史资料。一年后，老洪寄给小满一部分书稿，让他给些建议。小满认真拜读了这本厚厚的书稿后十分看好，立刻建议老洪联系出版商或者影视公司，把书稿推销出去。

　　但是老洪犹豫了，他对小满说："恐怕不行，这些东西还十分粗糙，如果把这些没经过修改和定稿的书稿拿出去，肯定会被拒绝的，像我这种无名之辈，如果不精耕细作，将作品打造到最完美的状态，肯定没有人会买我的单，我还是一边打磨一边再观望观望吧。"小满力劝老洪，但老洪还是畏首畏尾，再三犹豫。于是此事只得暂时搁浅。

　　两年后，小满听闻一部明王朝背景的电视剧已经进入拍摄阶段，立即与老洪联系，老洪十分沮丧地说："那不是我的作品，题材撞车，我两年的光阴算是付之东流了。"

　　明王朝的电视剧上映后，小满特意认认真真从头追到尾，之后又找了原著来读。不得不说，那小说的文字、情节等都要比老洪的书稿精彩和老到多了。但小满想，假如老洪早点把书稿拿出来，在编剧等专业人士的协助下修改，或许未必会逊色于这本书，就算不幸失败了，也不会有今天这样的遗憾和悔恨。此时，小满又想起了那句话："不试，你怎么知道？"

　　这个世界从来就没有十全十美的东西，等待完美，往往需要等到天荒地老。这是一个变数太多的时代，很少有一种东西能够恒久，你的作品、你的声音、你的一切……待到它们完美无缺时，别人早已捷足先登、先入为主了，即使你拥有再多的"美好"，也只能属于你自己，别人对此一无所知。遇到机会的时候，别忙着说自己不行，先去试试再说，该露一手时就义无反顾地"露"一把。

别给自己加上限

不要给自己的人生设限，你远比你想象的要优秀得多。

有句话讲："世界上到处都是有才华的穷人。"很多才华横溢的人总是认为自己怀才不遇，原因何在呢？不如我们先来看一则小寓言。

鸡群里的小鸡们从小就被父母教导：黄鼠狼可怕而且强大，我们一旦遇到他只能被吃掉，毫无还手之力。经过日复一日的渲染，这句话在小鸡们心中生根发芽，在它们的眼里，黄鼠狼就是世界上最强大的生物。

住在附近的黄鼠狼也逐渐发现，只要它阴森森地说上一句"我是黄鼠狼"，鸡便被吓得腿软筋酥，连逃跑的信念都会丧失，更别说反抗了，就这样，它轻松地吃掉了鸡群里的许多鸡。可是恰巧有一只小鸡，因为出生的地方过于偏远，不小心被鸡妈妈遗忘了，于是它就这样独自长大，自然也没有谁反复叮嘱它"黄鼠狼吃鸡"这件事。

有一天，这只鸡也碰见了黄鼠狼。黄鼠狼故伎重施，阴森森地说了一句"我是黄鼠狼"。这只鸡竟然说："什么黄鼠狼？根本没听说过！"黄鼠狼见吓唬不管事，便恶狠狠地扑上去。这只鸡哪里肯等死，当即与黄鼠狼展开了大战，又是用嘴啄，又是用爪抓，又是用翅拍，激战之中，黄鼠狼的身上被它抓出了几道血痕。黄鼠狼被震住了，心想，这只鸡非同小可，好厉害！最后，它只好夹着尾巴无奈地走掉了。

人们时常会被既定的东西所迷惑、所束缚，但为什么不抛开它们呢？其实，事情原本有着无限的可能性，只要你的心里别装着一个又一个的"模子"。这个世界上没有完美无缺的东西，等待完美，往往会事与愿违。

我的写作生涯算来不长，初始的练笔是在单位写通讯稿，作生产报道。这种体裁多看报纸，学而时习之，也不是什么难事。可是有一天，我突然异想天开般地把一些想法写下来寄出去。这些句子不通顺、情理不合逻辑的小文章投到报社，自然遭到了无情的退稿。

然而，我很不服气，有种"初生牛犊不怕虎"的精神，竟然做起了作家梦。我给自己订立了一个坚持看书、写作的计划，每周写两篇，每月写 10 篇，每月完成 1 万字。

后来，我通过一家文学网站开始把自己的新作登出去，本着学习的目的，多请人指教，我发现自己渐渐地有了自信，当然也有了继续写下去的勇气。这样坚持下来，5 年后回头看看，累计 50 万字的书稿存放在电脑里，真的是一笔不小的财富。

在刚刚过去的一年中，我瞄准报刊栏目进行投寄。有位资深作家对我说："大胆地向外投寄吧，不投，一点希望也没有。"于是，我就用笔名、用电子邮件向报社投稿，从未想过去找什么"熟人"，没料到以前的稿件接连被刊用，这是一种意外的、小小的惊喜。

在年底的一次文友聚会中，有位成功人士看过我的短文后，鼓励我说："不要受什么理论约束，大胆、自由地去写吧，这就是你的风格。"在我埋头奋斗了许多年后，终于有人对我写的东西表示肯定了。这份迟来的温暖令人信心倍增，我开心地笑了，从心里。

当然，我按照自己的生活轨迹一如既往地前行着。而此时，我已没有了先前的喜形于色，心态变得自然了，我更相信勤能补拙的道理。

走在文学的边缘地带，我算不上一个成功的人士，但我却找到了一种很好的生活方式。做人的最大乐趣就是通过努力去获得自己想要的东西，不被人肯定是因为自己的修炼不够；有缺点意味着还有进一步完善的空间；文章算不上精品，意味着需要继续推敲。

所以，生活中勇敢胜于优秀，因为优秀的品质固然优良，但如果不善于推销自己，就有被埋没的可能。勇敢的人就不一样了，就像寓言中的"无知者无畏"的鸡，勇于跟它的天敌黄鼠狼斗争，没准就能战胜前面的对手。

孤独是屠龙者的宝剑

> 人在独处的时候，往往能看清事物的真相，品味到生命的真谛。思索和静悟是人之所以为人所不可缺少的一部分。人若缺少了这一部分，就很容易走入一种盲目和浅薄。

当今社会，人们都热火朝天地工作在市场环境里，生活在内容丰富的休闲氛围中。面对着形形色色的热闹，其实许多人的内心中是非常孤独的。很多人感觉到：孤独带给了自己形单影只的尴尬和痛苦，因此，绝大多数人都不希望自己身处孤独。还有许多人常常被家里以"孤独"为理由催促着交朋友或者进入婚姻，"娶个老婆你就不会胡思乱想啦""早点嫁人生完孩子就不孤独了"……

然而，人生中，比起相互搀扶着成长，单枪匹马的闯荡才是常态。"享受孤独"成了人们在惶惶惑惑的世俗奔劳中找到自己、沉淀自己的方法，特别是节奏越来越快、大众情绪越来越烦躁的今天。

爱因斯坦曾深有感触地说："我是人类中最孤独的一个。"然而，正是在孤独中，他发现了相对论，使物理学界和思想学界发生了一场革命，他也作为伟大的物理学家和哲学家被载入人类的史册。

孤独不是无聊，而是一种境界，一种冲出尘俗的拘囿而远离了喧嚣的境界；孤独是一种"思想在高处，灵魂在高飞"的生命制高点。而空虚无聊者，只是因为不能安于孤独，不能静享孤独，不能提升到孤独的较高境界。

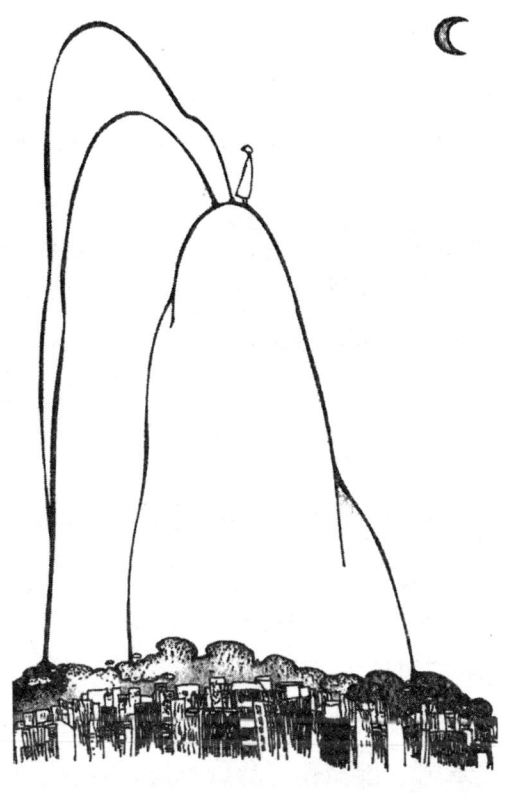

魏晋时期，出身名门望族的王羲之，少年时代便以特立独行的人格和孤高傲世的秉性而显名于世。他醉心于书法艺术，以《兰亭集序》之魅力被古人称为"书圣"。朝廷对他屡次征召，包括他官至当朝丞相的伯父王导也劝他出仕，他都一一拒绝，坦言自己素无做官之志，常怀寄寓山水之心。后来，他被封仕佑军将军、会稽内史。在任上适逢江东遭饥荒，他便开仓济民，并上书朝廷，请求减免赋税，被朝廷采纳。不久，他因看不惯骠骑将军王述的做派，不愿与其为伍而要求调职，朝廷未予允许，于是他便愤然辞官，从此断绝名利。后人赞王羲之"入仕孤独，退隐亦孤独，实乃古今有大名士也"。

古人把孤独看作是名士风度，这在某种意义上涵盖了一种精神追求和人生向往，从道德层面上来说，它又是一种人格修养。今人却有不少肤浅者在滥谈孤独。仕途受挫说"孤独"，恋人分手喊"孤独"，甚至玩忽职守受了批评也诉"孤独"……

其实孤独不是孤单、孤苦、孤立，孤独是一种独立思索的状态。

适度

孤独的人，在寂寥的时候，内心里只会有丰富的东西供其咀嚼；孤单的人，在熙熙攘攘的人群中，内心里只会倍觉冷落凄清。

说到底，孤独是一个风骨问题，风骨不健，便是打肿脸充胖子，只能是一种"模特式"的清高。当然，这并非蛊惑人们消极遁世、不求功名、不去当官，或是说当官便是没骨气。事实上，历史上不少优秀文人都曾当过官，关键是能否恪守节操，洁身自好，远离官场浊气。诸葛亮不求闻达，布衣躬耕聚蓄内力只待明主而出山；王维隐居深山而窥视京城；李白、陶渊明求政不成而求山水；苏轼、白居易政心不成而求文心……

人的一生难免孤独，斯人性使然。

然而，孤独中人可以静观，可以思索，可以默默地去做一些事情，孤独酿出"无言独上西楼"的意境，孤独孕育着"吾将上下而求索"的心志。

古往今来，有数不清的仁人志士因命途多舛而遭遇孤独，又享受孤独，因而在人类思想的长河里，飞溅起了一朵朵美妙的浪花，如屈原的"长叹息以掩涕兮，哀民生之多艰"；曹植的"闲居非吾志，甘心赴国忧"；李白的"抽刀断水水更流，举杯消愁愁更愁"；范仲淹的"先天下之忧而忧，后天下之乐而乐"……

真正的孤独是卓然尘世的精神状态，它需要一种视功名利禄为粪土的襟怀。穷时孤独是一种伪孤独，达时孤独方显出富贵于我如浮云的超拔。西晋著名军事家羊祜，因文韬武略而升任尚书左仆射、卫将军。到了西晋泰始五年（269年），都督荆州诸军事。由于他善于审时度势，出兵伐吴取得全胜，为统一中国立下大功。正在功勋鼎盛之时，他却执意要做一个散漫百姓。他对从弟羊琇说，当大局已定，我就以角巾束装回到故里，不恋权位了。羊祜以其真正的孤独，赢得了"成功弗居，幅巾穷巷，落落风飚"的美誉。

相反，那些作秀的孤独者，在权位名利面前，一如薄雪见日出，立刻消融。如唐时贾岛，以"独行潭底影"的剑客自喻，也曾孤独得可爱。他骑着体弱病瘦的驴子，张着遮阳伞吟诗横穿长安大道。一次，在法乾寺，他拿腔作调地撸起袖子，侧目看着服饰华丽的唐宣宗说："你这等吃好穿好的人，也会这个吗？"但当得知此人是九五之尊后，竟惊恐万分，伏在地上听候发落。唐宣宗原来是不会责怪读书人的痴狂傲气的，而他这么一跪，却把那么一点清高孤傲的文人气全部丢光了，令唐宣宗不齿。

看来，真正的孤独也不是谁都能领悟和做得到的。

站好人生的位置

> 只有处在别人的位置上时，才会真正理解别人。一个既不理解别人，又对自己的位置毫不留恋的人，就很难在别人的心目中有什么位置。任何时候都不要以自己的位置炫耀自己，不要以别人的位置贬低别人。

世间万物，或静或动，均有其位置。

无论你是追求"露"，还是喜欢"藏"，喜欢追逐名利，还是选择平淡，你都拥有你的位置。每个人都有自己的位置，无论是主动选择，还是被动安排。作为世间万物主宰者的人类，你无论处在哪里，都应该站好你的位置，做出你所处位置上应有的贡献。

伟大的人，总是位置在选择他；平庸的人，才会东张西望地选择位置。

其实，位置本身并没有多少差别，但不同位置上的人在审视同一个主体时却往往会有不同的印象；人本身或许没有多少差别，但处于不同位置上的人却可能会有不同的感觉。这，其实也是一种"藏"与"露"之间的度。

如果一直向上看的话，就会觉得自己一直在下面；如果一直向下看的话，就会觉得自己一直在上面。如果一直觉得在后面，肯定是一直在向前看；如果一直觉得在前面，肯定是一直在向后看。

目光决定不了位置，但位置却因目光而存在。关键在于，就算我们处在一个确定的位置上，我们的目光依然能够投往任何一个方向。

只要我们安心于自己的位置，那么，周围的一切就会以我们为中心，或是离我们而去，或是冲着我们而来，或是绕着我们旋转，或是对着我们静默；如果我们惶惶不可终日，始终感到没有一个合适的位置，那么周围的一切就都会变成我们的主人，我们不得不跑前跑后地伺候着，我们不得不忽左忽右地奉承着，我们不得不上蹿下跳地迎合着，我们不得不内揣外度地恭维着。

每个人都有自己的位置。因此，当你处于某个位置上时，你就应该表现出这个位置应有的东西。

站在父母的位置上，就要多一分爱心和耐心，多一分永不熄灭的希望；站在儿女的位置上，就要多一分真情和深情，多一分反哺的责任。

在演员的位置上，就要认真地表演；在观众的位置上，就要学会欣赏。社会是个大舞台，而我们却总是分不清自己到底是在表演还是在欣赏。或许，生活本来就是要我们以观众的心态去表演，以演员的心态去欣赏；或许，这正好检验了一个人是否拥有随时调整与适应的能力。

只有处在别人的位置上时，才会理解别人，才会留恋自己的位置；一个既不理解别人，又对自己的位置毫不留恋的人，就很难在别人的心目中有什么位置。当然，这同时也意味着，任何时候都不要以自己的位置炫耀自己，任何时候都不要以别人的位置贬低别人。

处在什么位置上，就得在什么位置上寻找意义；位置的意义要靠有意义的人去挖掘、去深化。更为重要的是，只有当我们了解了位置的意义后，才能更好地把握"藏"与"露"的时机，才能更有效地发挥位置的力量。

位置，的确是值得我们深思的东西。

第二章

名利之度
——名利可求切勿贪

　　名利动人心，名利亦熏心。许多人因为醉心于名利，终其一生都在苦苦寻觅，结果他们得到了想象中的功成名就，却失去了健康、自由和快乐。金玉宝器在手，豪宅香车不愁，但他们内心中却并不认为自己成功，因为他们成了停不下来的"远视眼"，远处还有更大的名和更多的利没有追求到。

　　人生在世，名利上虽然不能免俗，但请悠着点儿，别被名利束缚得动弹不得。试想，如果我们把时间和精力都用在追求名利上了，哪里还有时间去享受生活呢？名利这东西，生不带来，死不带去，对它的追逐，要适可而止。我们应该学会将名利看得淡一点。

不做自卑又自负的"拧巴人"

别拿自己太当回事儿，也别拿自己太不当回事儿。须知，
天外有天，强中更有强中手。

每个人在自己心里都是完美的、骄傲的。在生活里，每个人都有自己的舞台和观众。我们希望别人的关注和肯定，渴求有个人懂自己，甚至比自己还懂自己。当这一切都不能实现时，我们就开始一遍遍回想自己，解释自己，希望别人能懂。当别人还不懂的时候，我们就只能于镜前跳舞，自说自话……我们的快乐有时不真实，其实，我们的痛苦有时也不真实。上一秒钟还在纸上写出悲凉的文字，下一秒就马上微笑于身边的小事。

别拿自己太当回事儿，眼里只盯着自己，久了就会失去对整体环境的冷静思考，无法做出正确的判断。

以娱乐圈为例，近些年，演艺圈的常青树越来越少。有些艺人今天还大红大紫炙手可热，明天就被曝光出恶性事件火速"塌房"，成了人人喊打的存在；有些曾经红得发紫的明星只是昙花一现，一两年后就销声匿迹了，即便再出现在大众视野里，也是反响平平，成了明日黄花。之所以出现这种局面，弥漫在演艺圈内的浮躁氛围是罪魁祸首。

如今，有些艺人用于踏踏实实地搞创作、磨演技的精力越来越少，用于在舞台和荧幕之外的精力却越来越多。"饭圈"风气肆虐，粉丝经济横行。许多不关注娱乐圈的路人也常在强大的宣传攻势下跟着人云亦云，仿佛不喜欢某一位风头正盛的艺人，就是落后于时代一样，演艺公司一看大家都这么喜欢，就迫不及待地邀请他们演出、拍戏，艺人们一看演艺公司如此"求贤若渴"，紧接着就鼻孔朝天了。在一个这样的怪圈里，人们似乎丧失了识别能力，抑或是陷入了群体性的疯狂。

其实，艺术和人的生存状态有很大关系。有些艺人还在过街天桥上和地下通道里面抱着一把吉他唱歌的时候，确实创作出了一些好作品。可一旦被捧红，就在纸醉金迷中丧失了对创作的执着，全然忘记了自己是依靠什么才获得了普通人一辈子也无法获得的金钱和地位，反而将炒作看成是延续辉煌的最重要手段。于是作品一部比一部烂，架子却一天比一天大。

如果把创作搞得一塌糊涂，还硬梗着脖子把自己当回事儿，那就很可笑了。老辈看到小辈追星，大多会说："他们有什么啊？不就是一个唱歌的吗！"其实再大的明星也是个艺人，还是别拿自己太当回事儿，不管别人把自己捧得多高，沉下心来搞创作才是正路。

这道理在任何行业里都适用，无论你的身份地位有多高，名头有多响，钱包有多鼓，也最好别太拿自己当回事儿。往大里说，地球离了谁都一样转；往小里讲，无论谁红得如日中天，大街上照样人来人往。

也许，你真的很优秀，但你表现自己的方式一定不能让人觉得，这个人是在自己夸耀自己。如果盲目地夸大自己，毫无节制地表现自己，只会引起别人的反感。

名利可求别太过

很多人认为名利是人生的最高追求，是最有价值的追求。然而，有些人追求名利却很少得到名利，有些人不求名利，只发展非常有益于大众的事业，结果，名利反过来追求他。

大多数人都知道吸食鸦片等毒品的危险性，所以，只有无知的人和追求新奇刺激的人才会去抽，也有极个别人觉得自己只是去试试而已，肯定没事的，结果把自己搞得上了瘾，把自己宝贵的生命搞得前途一片暗淡。

其实，名利也如同鸦片一样，一旦沾上了，再想放下就会很难。《红楼梦》中有一首"好了歌"是专门讥讽一味地追求名利的人的，其中有两句这样写道："世人都晓神仙好，唯有功名忘不了，古今将相在何方？荒冢一堆草没了。"俗语中也有"人为财死，鸟为食亡"的话，可见名利二字实在是害人不浅。只有挣脱名利的束缚，才能真正超越自我。

古人将名利比喻为缰绳和锁链，它们能紧紧地将人缚住，使人活得疲惫不堪。曾经有人以"纤夫拉船"为题写了一首诗："船中人被名利牵，岸上人牵名利船。为名为利终不了，问君辛苦到哪年？"可见世上之人总离不开名利的羁绊。据说清代的乾隆皇帝下江南，看见运河上舟楫往来，便问左右："他们都在忙些什么？"大学士纪晓岚随口答道："无非名利二字。"有人说得更透："天下熙熙，皆为利来；天下攘攘，皆为利往。"

　　有些人追求名利却很少得到名利，有些人不求名利，只发展非常有益于大众的事业，结果，名利反过来追求他。不信？看看下面的例子。

　　居里夫妇发现了新的放射性元素镭后，一封来自美国布法罗市的信，建议他们申请生产这种金属的专利权。当时，一克镭的价钱达70万金法郎，很明显，专利权能使居里夫妇获得巨大的物质利益，但居里夫妇不假思索地拒绝了申请专利权的建议，毫无保留地公布了研究成果。居里夫妇为了回避这种访问，他们就搬到乡下去住。有一次，一位友人发现居里夫人的小女儿正在玩英国皇家学会刚刚奖给她妈妈的一枚金质奖章，忙说："能够获得一枚英国皇家学会的奖章是极高的荣誉，你怎么能给孩子玩呢？"居里夫人笑了笑说："我是想让孩子们从小就知道，荣誉就像玩具，只能玩玩而已，绝不能永远守着它。"正因为居里夫人超越了名利，将自己的一切无私地贡献给科学事业，从而使她在科学事业上取得了卓越的成就：两次获得诺贝尔奖，还得到了107个名誉头衔、16枚奖章、10份科学奖金。居里夫妇不贪求名利，却取得了巨大的成就。

　　谚语说："名声躲避追求它的人，却去追求躲避它的人！"这是什么道理呢？著名哲学家叔本华早已给出了答案："这只因前者过分顺应世俗，而后者能够大胆反抗的缘故。"于是我们看到现实生活中，有些人为了追名逐利处处钻营，溜须拍马、阿谀奉承者有之；瞒天过海、暗度陈仓者有之；无中生有、借刀杀人者有之。为了满足自己一官、一利、一职之贪，费尽心机，但这样做往往会害己误人，得不偿失。

人们应该学着将功利看得淡一点，如果你把时间和精力都用在追求名利上，哪里还有时间享受生活呢？名利生不带来，死不带去，生前锦衣玉食，前呼后拥，死后也是黄土一抔。人生在世，名利上虽然不能免俗，但也请悠着点儿，别被名利束缚得动弹不得，白在世上走这一遭。

擅于归零

　　每个人的一生，都会在增多与减少、收获与付出、得到与失去、喜悦与惆怅等一连串浮沉之后，心安理得或依依不舍地"归零"，告别这个世界。

闲中整理抽屉，发现有一个小小的计算器。

试用一下，才发现计算器也是个很好玩的东西。你可以随意把心中想到的数字给它去加减乘除，它会乖乖地把数字显示给你看。数字在你的任意拨弄下，忽然变成长长的一串，忽然缩成短短的一截。当你不忍心再折磨它的时候，就可以立即大发慈悲地使它"归零"休息。

小小的计算器，好像是一个奔劳的生命，那么认真执着于每一个细小数字的得失。它要求自己绝对正确，毫厘不差，把你那不负责的拨弄当真，竭忠尽智地显示出你其实一点也不认真要求知道的每一次增减损益，而最后，如果你让它休息，它就一声不响地"归零"。

忽然联想到人生。很多人都会有过这样的人生经历：有时呼风唤雨，非常成功；有时塞舛困顿，寸步难行。而无论这一次任务是成是败，也无论是拥有了妻财子禄，或者孑然一身，最后都将烟消云散。银行中的万贯家财，社会上的赫赫名声；成功乐，儿孙福，一切一切，终于还是要如同这曾经展现过亿万数字的计算器，当你倦于拨弄，可以使它"归零"。

想到每个人的一生终会"归零"，便难免会深思一下。数十年的挣扎奔忙后，最后"归零"时的感觉，大概也如同在那一瞬之间消失了一切数字的计算器，是清静又安逸的吧。

名利究竟如何，恩情又会怎样？一切的执着无非是抽象数字的暂时显现。重要的是，该认真生活的时候认真地生活过了；能做旁观者的时候也潇洒地旁观过了，未曾忘记快乐，也尽力摆脱苦恼。到手中的，欣然接受；要从手中溜走的，怡然放手。名利如此，恩情也是一样。有过的就是有了，失去时也应该认可，那计算器上灵敏活跃的数字，如昙花般显现又消失，所记录的其实就像这踊跃多彩的人生。

造物者曾按下那使你奔波劳碌的按钮，造物者也将释放你，让你"归零"。

庄子曾说过："夫大块载我以形，劳我以生，佚我以老，息我以死。""息"字，不就是计算器在一连串的损益之后的"获释"吗？那是最漂亮的一种"消失"。这，仿佛是第一流的大乐团在那可爱的指挥者的手势下，极有默契地全部休止，一瞬间隐去了所有的声音。

摆脱"好面子"问题

面子是最不值钱的，但却是最容易让人产生内耗的。过分重视面子，只会让我们在成功的岔路口失去冲刺的机会。

皮特是哈佛大学的毕业生，他毕业时正赶上美国经济大萧条，大批的大学毕业生都找不到工作，就连皮特这样以前备受欢迎的经济管理专业的毕业生也大量过剩。为了解决生计问题，皮特决定去一家小出租车公司做出租车司机，并邀请大学同班同学一块儿去应聘。但他的想法遭到了同学们的耻笑，他们说："我们可是哈佛大学的毕业生，怎能去做出租车司机那样的工作？太没面子了。"结果班里只有皮特一人做了出租车司机，其他人都在盲目地寻找有面子的工作。

因为懂经营管理，皮特的出租车生意异常的好。不久，出租车公司的经理看中他的经营才能，把他调到身边做了自己的助理。几年后，经理岁数大了，想退休，但子女中没有人愿意经营他那只有十几辆车的小公司。经理便找到了皮特，以极低的价格把公司转让给了他。

有了自己的公司，皮特更能自由地发挥自己的才能。又过了几年，他已经拥有了一家有着1000多辆各类汽车的出租车公司和两家子公司，资产达上亿美元，而他的那些同学大部分还只是普通的白领。

皮特在对媒体谈起自己的成功经历时说：在找工作或创立自己的事业时，许多人的第一考虑并不是这个职业或行业能不能赚钱，会不会给自己带来新的机会，而是考虑眼前这份工作是不是丢人。

　　社会上是有些工作表面上看来很"没面子"，但对某一个急需要机遇的人来说，任何一项工作都意味着机会，只要你去努力了，并坚持下去，生活就永远会充满希望，机会的大门也会永远向你敞开。对每一个想成功、想生存的人来说，没有什么比面子更卑贱的了。为了面子而葬送机会，实在是许多人无缘成功的根源之一。

　　人们总是把身份和地位看得过重，为了名片上那一串尊贵的称谓而辛苦奔波，为了头衔而上下求索。事实上，名片上的头衔除了给你虚荣外，不会使你过得更愉快，相反还会让你越来越累。所以说，为了面子，你不但会活得卑贱，还会活得非常辛苦。

　　现在有许多人呐喊着诉说自己找工作的艰辛，却只字不提自己在求职的过程中不愿意脱下"孔乙己的长衫"、不愿意放弃"头衔""光环"的小心思。还没就业就开始想着对比，哪一份工作更体面，哪一行工作会让自己在老家的饭桌上抬不起头，不能接受"别人比我好，别人比我强"的现实，总是觉得自己一定要赢过别人，一定要在别人面前有面子，要比别人更潇洒、更有地位，到头来自己给自己上了一副枷锁。

　　很多人可以为了面子，去做很多没有面子甚至损害自己尊严的事情。区别只在于，他们看重的面子，是大家都能看得到的，而自己的尊严，别人不一定看得到，但自己却是受了罪的。于是乎，便有了一句名言："死要面子活受罪。"

　　也有人说，我这不是要面子，我只是在维护自己应有的自尊罢了。自尊不足，会使我们变得低贱，但是，自尊太过，是不是就很好呢？那也未必。做人需要自尊，但是，又不能过于自尊，不能什么事都上纲上线，上升到自尊的程度上，否则，就是在给自己上枷锁。为了自己的快乐，还是别给自己套枷锁吧！

人上人的感受难以持久

把快乐和成功画上等号，是阻碍人们获得真正快乐的绊脚石。其实，能挑选自己有兴趣的工作是世界上最幸福的事。

每一个人都想成功，很多不快乐的人都以为只要自己获得成功后，就可以得到快乐。事实真的是这样吗？不是的，把快乐和成功画上等号，是阻碍人们获得真正快乐的绊脚石。

你不妨自问：自己必须成功到怎样的地步才会快乐？比方说，是收入增加三倍，成为公司总裁，拥有自己的事业，还是可以经常度假？当我们是小职员时，常以为只要升上主管后日子就会过得更好。当我们受雇于人时就渴望拥有自己的事业，当我们收入不足时会以为拥有很多财富会是一件神气的事。

假如你把成功定义在获得更高的职位与权力上，那么永远会有人比你的职位更高、权力更大；假如你把成功定义为获得更多的财富，那么永远有人会比你更有钱。这样的想法会让你变得更不快乐。

曾见过一些企业家，他们追求事业上的成功就像上瘾了一样，那种成就感必须一次比一次更强，才能减轻他们内心的痛苦。旧情绪无法被根治，一旦尝不到成功的滋味，当事人就会陷入极端痛苦。就像有些演员要靠观众的掌声过活那样，一旦没有掌声，他们就会躲在墙角瑟瑟颤抖。

大多数人眼中的成功人士都曾表示过：成功达到目标，不一定会带来完整的快乐，最大的快乐来自能帮助他并自我实现的过程。

可是如果你把快乐与成功画上等号，期待成功后会带来快乐，那你将永远无法获得让自己更快乐的成功。那些戴着光环的快乐者，总是在他们还没有功成名就之前，就已经很快乐了，成功只是为他们的快乐加分；那些不快乐的人在成功前，就过着不快乐的生活，成功后反而更不快乐。

有很多人的梦想是拥有更多的财富、豪宅、名车，为此他们会像工作狂一般地拼命，但是这些带给他们更多的快乐了吗？答案也是没有。

当你第一次开着自己的白色奔驰车在高速公路上疾驰时，你会觉得自己像是天之骄子，觉得自己是人上人，会有一种优越感，但这种感觉不会持续多久。相反，由于对社会治安的担心，怕被绑架勒索，你不敢开着它带孩子去学校上学，为了保养它而带给自己生活上的不便与不安，远比自己拥有它的乐趣还要多。当你收入倍增，财富增加后，你的确享受到了花钱的乐趣，不幸的是你与家人包括你的孩子都养成了奢华与浪费的习惯。

事实上，能从事自己感兴趣的工作并为之努力就是世界上最幸福的事了。

金钱与快乐的关系

真正的快乐都是免费的，和金钱无关；真正的快乐就孕育在平平常常的生活中。

常有人告诉你，一定要努力工作，努力赚钱，到最后事业有成，受人敬仰，令人羡慕，赚得盆满钵满，然后就可以死而无憾了。真的是这样吗？真正的快乐不是在最发达的时候，因为那时被快乐淹没，已经不知道什么叫快乐了；真正的快乐不是在最落魄的时候，落魄时有的只是无奈和悔恨；真正的快乐是在平淡中，在平凡的生活中，这是在经历了人世间的大起大落后才能够真正品味到的。

真正的快乐需要很多方面的支持，否则只能是表面上的快乐。现在许多人表面上生活得很开心，但内心深处其实是忧郁甚至是痛苦的，因为他们生活得很空虚。

有一位中国留学生，在纽约华尔街附近的一家餐馆打工。一天，他雄心勃勃地对着餐馆大厨说："你等着看吧，我总有一天会打进华尔街的。"

大厨好奇地问道："年轻人，你毕业后有什么打算呢？"留学生很流利地回答："我希望学业一完成，马上进入一流的跨国企业工作，不但收入丰厚，而且前途无量。"

大厨摇摇头:"我不是问你的前途,我是问你将来的工作兴趣和人生兴趣。"

留学生一时无语。显然,他还不懂大厨的意思。

大厨长叹道:"如果经济继续低迷下去,餐馆不景气,那我就只好去做银行家了。"

留学生惊得目瞪口呆,几乎疑心自己的耳朵出了毛病,眼前这个一身油烟味的厨子,怎么会跟银行家沾得上边呢?

大厨对呆鹅般的留学生解释道:"我以前就在华尔街的一家银行上班,天天披星戴月,早出晚归,没有半点自己的业余生活。我一直都很喜欢烹饪,家人和朋友也都很赞赏我的厨艺,每次看到他们津津有味地品尝我烧的菜,我就高兴得心花怒放。有一天,我在写字楼里忙到凌晨一点钟才结束了例行公务,当我啃着令人生厌的汉堡包充饥时,我下定决心要辞职,摆脱这种工作机器般的刻板生活,选择我热爱的烹饪为职业,现在我生活得比以前要愉快百倍。"

这样的事例,对于有些人来说是不可思议的。因为这些人在选择职业时,第一看体面,第二看收入,成败荣辱,全都摆在面子上。而面子是要人捧的,无人喝彩,就如同锦衣夜行般无趣。可对于有些人来说,无论从事何种职业,都没有高低贵贱之分,他们更注重的是对事业的兴趣,而且自我价值的实现,成功与否的体现,不必通过与别人比较来证实,更不需要靠别人的肯定来满足。

现在这个社会,没有钱是很难快乐的,人们普遍认为拥有财富就拥有快乐,但有了钱就真的快乐吗?拥有巨大财富的人,表面上是幸福而快乐的,但对金钱无止境的追求使他们内心无法真正地快乐。

适度

金钱能买到一切吗？也许这已经是很愚蠢的问题。绝大多数人都知道了"钱不是万能的，但没有钱是万万不能的"。然而，很多人都知道这个道理，但真正懂得金钱与快乐之间正确关系的人并不多，包括我在内，也只是知道道理，而并没有很好地理解和做到金钱与快乐之间的和谐平衡。当然，我们不能彻底否定金钱，金钱的作用还是非常大的。金钱能使我们生活得富足安定，但我们在积极谋富的同时，也要学会正视金钱。

金钱与快乐的正确关系应该是：富足的物质基础为我们带来更多可能，但真正的快乐只能从生活中发掘，金钱确实不是万能的。

切记，我们赚钱是为了过上幸福快乐的生活，千万不要为了赚钱而赚钱。

第三章

取舍之度
——要想得到先付出

　　"欲取之，先予之。"此乃古人早已明白的道理。要想在秋天收获丰盛的粮食，春天就必须播种。取舍有度，就是提醒我们，先要明确"取舍"的先后顺序。要先"予"而非先"取"。要想得到，必须先付出。"舍得"是人世间最简单而又最深刻的道理。弄通了这一道理，就弄通了天下的许多道理。

世界上什么最宝贵

世界上的许多东西其实都是十分宝贵的。当我们拥有它的时候浑然不觉，而一旦失去它，便感到它的宝贵了。所以，我们应该学会珍惜，珍惜我们的拥有。

世界上什么东西最宝贵呢？也许，很多人都曾经被问到过这个问题，又或者曾经问过身边的很多人。只是，答案可能是五花八门，各不相同。

一位出身世家的男子渴望得到一颗举世无双的宝石。为此，他做了九九八十一个美梦，每个美梦都闪耀着彩虹般迷人的宝光。梦中的他，俨然是世界上最富贵最幸福的人。可是，梦醒时分，他就会失望地发现，那璀璨夺目的宝光只不过是一场梦。于是，寂寞与空虚的阴霾便又笼罩着他的心田。

一位身份高贵的女士丢失了一串精美绝伦的金项链。为此，她泪湿了九九八十一条枕巾；她那丰腴娇艳的脸庞也日渐憔悴，她那舒心甜美的微笑，连同她对生活的信心和乐趣，也随着那串金项链的消失而消失了。她对失去的东西过度怀想，以至越陷越深。

很多年后的一天，他和她不约而同地经过一所乡村小学，并听到了师生间一段颇有意思的对话。老师问："世界上什么东西最宝贵？"

有的说："金子最宝贵。"

有的说："宝石最宝贵。"

有的说："爸爸给我买的裙子最宝贵。"

有的说："时间最宝贵。"

有的说："友谊最宝贵。"

一个脸蛋黝黑的男孩说："我看，再没有什么比水、土和空气更宝贵的了。"

老师的脸上露出笑容。

一个扎羊角辫的女孩问："老师，世界上到底什么最宝贵呀？"

老师亲切地望着大家，郑重地回答说："最普通的，也是最宝贵的。"

孩子们纷纷鼓掌。那高贵的男子和女士也陷入了沉思。

其实，几千年前，就曾有个学生向苏格拉底请教过："世界什么东西最宝贵？"

当时，苏格拉底没有直接回答，而是领着他访问了许多人。他们一路访问下去，结果是：拥有权力的人渴望得到友情，身陷囹圄的人渴望得到自由，精神压抑的人渴望得到快乐，门庭若市的人渴望得到宁静……人们的回答尽管各不相同，但有一点是相似的：人们认为最宝贵的东西，都是自己已经失去和即将失去的东西。

苏格拉底说："孩子，世界上的许多东西其实都是十分宝贵的。当我们拥有它的时候浑然不觉，而一旦失去它，便感到它的宝贵了。所以，我们应该学会珍惜，珍惜我们所拥有的。"

先给予，后获得

古人云："将欲取之，必先予之。"舍与得，互为因果，相辅相成。一个人只有将他的经历、时间、生命给予这个世界，才能获得永恒，获得历史的赞誉，因而他的生命才能在永恒与赞誉中得到永生。

得舍之度充满了辩证关系。给予与获得是一对孪生兄弟，世间万物有给予就有获得。

泰山不让微尘，故能成其大；江海不择细流，故能就其深。天空给予鸟儿飞翔的天地，故而增添它的丰盈；绿叶给予花儿"红似火"的映衬，它收获了"绿叶无声"的美名；森林为百兽提供栖息之地，它因而更加繁茂，更加郁郁葱葱。这些，都充满了取舍之度的哲理思想。

在商界，企业对外宣传时总会打出这样的招牌："用户即是上帝"，"顾客是我们的衣食父母"。为什么要这样说呢？因为用户是你赚钱的对象，只有把他们侍候好了，他们才能心甘情愿地掏钱让你赚。也就是说，你先要给予他们良好的服务、优质对路的产品，才能够获得丰厚的利润。

作为一名商人，乐善好施有时要比精打细算获利更多。日本名古屋有一家制酪公司，社长日比孝吉先生十分乐善好施，无论是什么产品都提供免费品尝或超低价供至，无味大蒜就是一例。

这种无味大蒜是由一个拥有此项开发技术的人推销到日比先生这里的，日比先生自己试过后感觉很好，于是就买下了这项技术。有一回，一个朋友来要点过年用的咖啡，日比先生说："这个也给你，一起用着试试看。"日比先生顺手将无味大蒜也给了这位朋友一些，几日后朋友在电话中对无味大蒜赞不绝口。日比先生灵机一动，何不让更多的人都知道无味大蒜的妙处呢？于是，他以此为开端，开始广泛地发放。至现在为止，这种无味大蒜已经派发给了全日本三万余人。每个人都是得到自己亲朋好友的推荐，尝试之后纷纷随口介绍给下一个圈子里的人，就这样口口相传，无味大蒜的知名度一点点像滚雪球一般疯长起来。日比先生抓住机会做了一波营销，没想到一下子引爆了销量。自此，公司的营业额迅猛增长，第二年的收入就超过 700 亿日元。

可见在生活与工作中，我们只要给予别人尊重、真诚、爱心、谦让，便能收获别人的给予，而也只有学会给予，我们的人生才会更有价值。

我们付出一笑，便能收获尊重。二战期间，一个雨天，丘吉尔从刚演讲完的台子上走下去时不慎滑倒，摔了个跟头。当时，士兵从没见过首长出丑，没忍住笑出了声，陪同人员惊慌失措，生怕丘吉尔生气。丘吉尔却只是甩掉身上的泥水，然后冲着士兵们微微一笑，并对陪同人员说："或许这样会令我刚才的演讲更有效果。"果然，士兵们见首长如此亲切，如此平易近人，立刻肃然起敬，个个士气大振。试想，如果丘吉尔当时大怒，想必结果将适得其反。丘吉尔"舍"了，舍弃了架子，于是他"得"了，他获得了民心。

适度

　　我们若能付出包容，便可以收获团结。1975年，撒切尔夫人击败希思成为英国保守党首领，从此，便也和希思产生了隔阂。而要参加首相选举，必须搞好党内团结，于是撒切尔夫人便邀请希思加入"影子内阁"，结果被一口拒绝，颜面大损。但撒切尔夫人并未计较，总是在别人面前夸赞希思，还采纳了他的一些政见。她的诚心和虚怀若谷的态度终于感动了希思，并为撒切尔夫人后来登上首相宝座奠定了坚实的基础。这启示了我们，当你能很好地把握适度，根据实际情况，愿意"舍"，你就一定会有"得"。

　　我们若能付出态度，便能收获价值。世界著名摄影家罗伯特·卡帕有一句很著名的话："如果你的照片拍得不够好，那是因为你离战火不够近。"荣誉总是垂青于那些为工作献出一切的人。卡帕在越南战场上拍摄时，不幸踩中一颗地雷，丧身战场，当人们发现他时，他的双手却紧紧地握着沾满鲜血的摄像机。他被誉为"20世纪最伟大的战地记者"。虽然他所追求的并非荣誉，而是实现自己的人生价值。但那份为了工作忠心奉献、为人类事业忠心奉献的执着让他最终收获了价值。卡帕"舍"弃了生命，但他"得"到的也许更多。记者这一行业自诞生起，至今已有过数以万计的从业者，但真正能被世人铭记的记者，又有几个呢？而卡帕，却是其中名留青史者。

　　有时候，我们给予别人援助之手，却并非如愿地获得回报，甚至被讥为"假装仁义"，这不要紧，这只是对方的态度问题，时间久了，他是会被感动的，我们肯定会收获回报的。当你遇到一件复杂劳累的工作，投入耐心和热心，你就必然会获得成功。舍得奉献，你迟早会被他人认可。

　　古今中外，但凡有建树的名人志士，他们之所以被人们所怀念，就是因为他们给世界以时间——当然给予的方式也有多种多样：精力、真情、财富、荣誉……同样，他们所获得的也有多种。最关键的是，你要先有给予，然后才能获得。

人生就是一连串的失与得

当一个人不是过度地追求获得，而是在失去与获得面前掌握一个适度原则时，生活中那患得患失的心态就会大为改观，而活着，也会更加从容。

很多人活着，是过于执着地追求获得，却不愿意失去。殊不知，失与得本来就是矛盾的两面。没有失去，哪来获得？得得失失，本来就是每个人生活中经常要面对的两种现象。如果我们想让自己活得更从容些，不妨领悟一下"得与失"之度。

是的，人生本来就是由一连串的得与失构成的画卷。请看下面这个故事：

有一个阿拉伯富翁，在一次大生意中赔光了所有的钱，并且欠下了债。他卖掉房子、汽车，还清了债务。

此刻，他孤独一人，无儿无女，穷困潦倒，唯有一只心爱的猎狗和一本书与他相依为命。在一个大雪纷飞的夜晚，他来到一座荒僻的村庄，找到一个避风的茅棚。他看到茅棚里面有一盏油灯，于是用身上仅存的一根火柴点燃了油灯，拿出书来准备读。但是一阵风忽然把灯吹熄了，四周立刻漆黑一片。这位孤独的老人陷入了黑暗中，对人生感到痛彻的绝望，他甚至想到了结束自己的生命。但是，身边的猎狗给了他一丝慰藉，他无奈地叹了一口气沉沉睡去。

　　第二天醒来，他忽然发现心爱的猎狗也被人杀死在门外。抚摸着这只相依为命的猎狗，他决定要结束自己的生命，在他看来，世间再没有什么值得留恋的了。于是，他最后扫视了一眼周围的一切。这时，他忽然发现整个村庄都沉寂在一片可怕的寂静之中。他不由得急步向前，啊，太可怕了，尸体，到处都是尸体，一片狼藉。显然，这个村子昨夜遭到了匪徒的洗劫，整个村庄一个活口也没留下来。

　　看到这可怕的场面，老人不禁心念急转，啊！我是这里唯一幸存的人，我一定要坚强地活下去。此时，一轮红日冉冉升起，照得四周一片光亮，老人欣慰地想，我是这里唯一的幸存者，我没有理由不珍惜自己。虽然我失去了心爱的猎狗，但是，我得到了生命，这才是人生最宝贵的。所以老人顽强地活了下去。

　　老人领悟到了人活着的真谛，他知道了，当一个人不是过度地追求获得，而是在失去与获得面前掌握一个适度原则时，生活中那些患得患失的心态就会大为改观，而活着，也会更加从容。

失去也许意味着收获更多

人生路上，得失相倚，塞翁失马，焉知非福。往往，当你失去时，也许就意味着你下一次得到的开始；当你得到时，也许你接下来将有什么要失去。

生活中，当人们碰上一件糟糕的事情时，总是要大叹倒霉，并为此而抑郁不安，担心事情还会变得越来越糟。事实上，这是没有必要的，须知得失相倚，塞翁失马又焉知非福呢？

在我们的人生路上，往往就是这样：当你失去时，也许就意味着你下一次得到的开始；当你得到时，也许你接下来将有什么东西要失去。

在商场上，这样的例子就更多了。很多时候，失去一些就是为了获得更多。损失了一些财富后，如果利用得好，运用智慧并吸取教训，能把本钱都赚回来，也许还能赚到非常多的利润，这样的例子也有很多。请看下面这个富含哲理的故事：

一位富翁的儿子与朋友做生意，结果被骗了。富翁的儿子很懊恼。他说："我没想到他是那种人，我们曾相处得那么好。"但是，人生和商场经验非常丰富的富翁却安慰儿子，并告诫儿子，人都有自己的道德底线，当外在的诱惑突破了他的道德底线，他就会颠覆传统的道德准则。儿子听后，仍是一脸迷惑。

富翁说，我们不妨做个实验吧。儿子点点头。

富翁领着儿子找到了商人甲。甲正在不大的门面房内悠闲地喝着茶。富翁取得了甲的初步信任，富翁说，我有一批货想和你合作，你卖不卖？商人甲转了转眼珠子，一脸狐疑。富翁说，你卖了货再给我钱，反正跑得了和尚跑不了庙。富翁装作放心的样子，瞥了一眼甲租来的这套门面房。生意谈成了，富翁放了1万元钱的货在甲的店里。

富翁又领着儿子找到了商人乙。乙的门面房稍大，乙正悠闲地喝着茶。富翁取得了乙的初步信任，富翁说，我有一批货想和你合作，你卖不卖？商人乙转了转眼珠子，一脸狐疑。富翁说，你卖了货再给我钱，反正跑得了和尚跑不了庙。富翁装作放心的样子，瞥了一眼乙租来的这套门面房。生意谈成了，富翁放了1万元钱的货在乙的店里。

富翁还领着儿子找到了商人丙。丙的门面房更大……最后富翁还是放了1万元钱的货在丙的店里。儿子产生了怀疑，说："连个正式的手续都没有，把货放他们那儿，他们会赖账。"富翁笑笑，没有回答儿子。

一个月后，商人丙率先来找富翁，丙的铺子大，周转得快。丙还了货款，并提出要从富翁这里进更多的货。陆续，商人乙、商人甲都来还了货款，无一例外都要求从富翁这里进更多的货。富翁不为所动，每人只给了3万元的货。儿子说："他们还是蛮讲信用的，可以考虑多给他们些货。"富翁依然只是笑笑。

又一个月后，商人丙率先来还钱了，并提出要进更多的货。随后，商人乙也来了，也提出要进更多的货。商人甲却没来。儿子很惊诧。富翁不慌不忙，领着儿子到了甲的店铺，却已是人去屋空。儿子

说，他真不讲信用。富翁没说什么。

这回，富翁给了商人丙和商人乙各 5 万元的货。儿子说，他们还是蛮讲信用的，应该多给。富翁笑而不语。

再过了一个月，商人丙率先来还钱了，还提出要进更多的货。商人乙却没有来。富翁领着儿子到了商人乙的铺子，也已是人去屋空。儿子很惊讶，说："他怎么这么不讲诚信呢？看来，商人丙到底是做大买卖的，可靠！"

富翁赊给商人丙 8 万元的货。一月后，丙按时还钱。富翁赊给商人丙 15 万元的货。一月后，丙按时还钱。富翁赊给商人丙 30 万元的货。一个月后，丙却没来还钱。

儿子说："丙一定有特殊原因，他这么讲诚信的人怎会不来呢？"富翁不声不响，领着儿子到了商人丙的铺子，却已是人去屋空。儿子更惊讶了，说："这人怎么能这样呢？"

富翁说："我把人的道德底线都量化成了数字，你该明白了吧？"儿子一拍脑袋，大悟：商人甲的道德底线是 3 万元；商人乙的道德底线是 5 万元；商人丙相对来说还是诚信的，但他也有道德底线，是 30 万元。

然后儿子感叹，人啊！人！

富翁说，我花了 38 万元教你认识了人性中的一些东西，我觉得值。儿子望着富翁，眼睛突然透亮起来。

故事看到这里，你有什么感想呢？也许，每个人的感受都会不同。这个故事至少告诉我们这样的道理，表面上，富翁失去了 38 万元，事实上，他并没有失去一分钱，而且还赚到了。那究竟他赚到了什么呢？赚到了一个教育儿子的黄金机会，赚到了儿子对商业智慧的提升，赚到了自己和儿子的未来……这位富翁真可谓是一位把"得与失"之度把握得非常得心应手的人。

少想憋屈事，肚量大才幸福

　　我们要是处处想着亲朋好友，肚量大、手面宽，那么人家也会惦记我们，人家给我们的机会也许会很多。任何东西只有先从你这里流出去，才会有其他东西流进来。说穿了，我们从别人那里获得的东西，往往都是我们原先付出的东西的回报。

　　作为知名服装师，黄丽华从担当电影《大红灯笼高高挂》的服装师开始，便片约不断，一个剧组的活儿还没有干完，另一个剧组又和她签上了，忙得她家在哪儿都快记不得了。

　　有一天，在一起喝茶聊天的时候，有好友对她的成功深表羡慕。这时，她突然说了一句："什么样的肚量赚什么样的钱嘛！"

　　当时在场的人似乎都对这句话不以为然，也许是一下子没有理解这句话的深刻含意。事实的确如此，君不见，平时生活中遇到的形形色色的人里，肚量大的人往往是赚不到什么钱的，也是攒不下几个钱的，原因很简单，心肠一软，手头一松，钱就漏出去了。很多人都这么认为并且也是这么做的：花钱是要算计的，正所谓"精打细算"嘛。而做生意呢？就更要斤斤计较、唯利是图了，怎么可能会傻乎乎地让钱都流出去呢？肚量大了，钱包就小了，这好像已经成了反比。但是，黄丽华为什么会认为"什么样的肚量赚什么样的钱"呢？

难道，她的理解是，肚量大，赚钱就多？

聚会结束后，一群人抱着疑惑分别了。其中的一位朋友跟大家告别后路过一家炒货店，他想顺便带一点瓜子回去。这家店很小，可是生意一直兴隆，它的炒货都敞开式放着，十多种瓜子，还有小核桃、五香豆、花生等，随便顾客品尝，随便品尝多少，随便品尝多长时间。老板嘴里念念叨叨："不要紧的，不要紧的，想尝就尝尝吧。"好像这家店不是他开的。于是，店里一片嗑瓜子声，前后两层，好多人站在那里咔啦咔啦，吃个够，吃到爽。

他突然明白了，黄丽华说得有道理啊，这就是"什么样的肚量赚什么样的钱"啊！人们站在那里能吃掉多少炒货呢？瓜子肉是何等的细微？但是品尝过了就不好意思不买了，这样，生意就有了。顾客的感情被"收买"了，顾客钱袋的拉链就松开了。

他又想起了眼下人们到服装店去闲逛时，其实并不想买衣服，可那些女服务员看到我们进来，便会立刻向我们展示她们的"肚量"："不买不要紧，您试试看好了，来，大哥，穿一下，这件不行我再给您找一件，您要买回去不满意也不要紧，来退就是了。"人家都如此大度了，顾客不买还好意思吗？不买面子上也挂不住了。

普通人往往谈不上肚量大小，说白了是根本就没有量。单位里领工资奖金，商店里买油盐酱醋，家里当"马大姐"，平平淡淡过日子而已。可是，我们要是处处想着亲朋好友，肚量大，手面宽，那么人家也会惦记我们，人家给我们的机会也许会很多。例如，"我的朋友是房地产老板。有一套便宜的两室一厅，你要不要？"例如，"我是保险经纪人，有一个险种将从下星期开始停办了，因为亏本，你赶快来办一个吧，抓紧，肯定合算。"

总之，你若小肚鸡肠，又怎能让人家对你"宰相肚里能撑船"呢？你出手大方，朋友心里自然是会记着你的情的。任何东西只有先从你这里流出去，才会有其他东西流进来。说穿了，我们从别人那里获得的东西，往往都是我们原先付出的东西的回报。当然，如果你认为没有回报也没关系，这才是真正的肚量大呢！

学会与人分享

与人分享，不仅是解放自己，也是在壮大自己。

取舍之度还告诉我们，学会与人分享，也是过上快乐生活所需的一种处世态度。

如果你想有幸福快乐的人生，就需要学会与人分享。

事实上，在我们身边处处体现着分享：天空和大地与我们分享，阳光和月辉与我们分享，空气和流水与我们分享，四季和稼禾与我们分享，音乐的悠扬和诗意的壮美与我们分享……

然而，我们身边总会有"聪明人"说，与人分享是成就了别人葬送了自己，标志着幼稚和无知。但这恰恰证明了幼稚者的智慧与聪明者的愚蠢。因为所谓的"聪明者"永远都把自己囚在狭隘自私的牢笼里，永远都无法领略与人分享的风光和大气。因此，忌妒他人成功的人，决不会让人分享他的一丝快乐；算计他人的奸诈之人，决不会让人分享他的一点成果。或许他们的一生都在撷取，都在掠夺，并以此作为最大的幸福和快乐。但是，他们注定要被社会和历史所淘汰。

学会与人分享。一个敢于与人分享经验的人，必定是心怀无私的人，否则这种分享便是无本之木；一个敢于与人分享成果的人，必定是勇于进取的人，否则这种分享便是无源之水；一个敢于与人分享发明创造的人，必定是胸怀天地的人，否则这种分享便是沽名钓誉，所谓的分享不过是虚情假意，真诚一到便逃之夭夭；一个敢于与他人分享明天的人，必定是以善立世的人，否则所谓的分享不过是漂亮的言语，弹出舌尖的同时就显出背叛的嘴脸。

分享需要真诚。真诚的分享对人对己都是真实的快乐和幸福。与人分享，不是人生的点缀，而是向世界打开的一道门、一扇窗。与人分享，不是自我的炫耀，而是向人生、向未来竖起的一杆桅帆和一杆旌旗。分享里有相依相存的哲理，有共创明天的欣喜，有追求卓越的自信，有穿越时空的向往。

学会与人分享。分享一项科学的发明，会蓬勃一个行业；分享一种管理的精髓，会产生巨大的生产力；分享一个企业成功的经验，会催生一批典范；分享一种新锐的思想，会解放一代人的智慧；分享一种智慧，会使你长出一对翅膀；分享一种高度，会使你成为山峰；分享一种厚度，会使你变得雄浑；分享一片海水，会使你拥有容纳百川的气度……

学会与人分享。少欲则心洁，情真则意阔。

现实生活中，可以与人分享的有很多很多。与人分享快乐，你就会加倍快乐；与人分享幸福，你就会加倍幸福；与人分享成功，你就会加倍成功；即便是痛苦，也可与人分享，因为在那心与心的交流中，你的痛苦就会减少，你的烦恼就会消失，你的心中就会有彩霞满天，万紫千红。

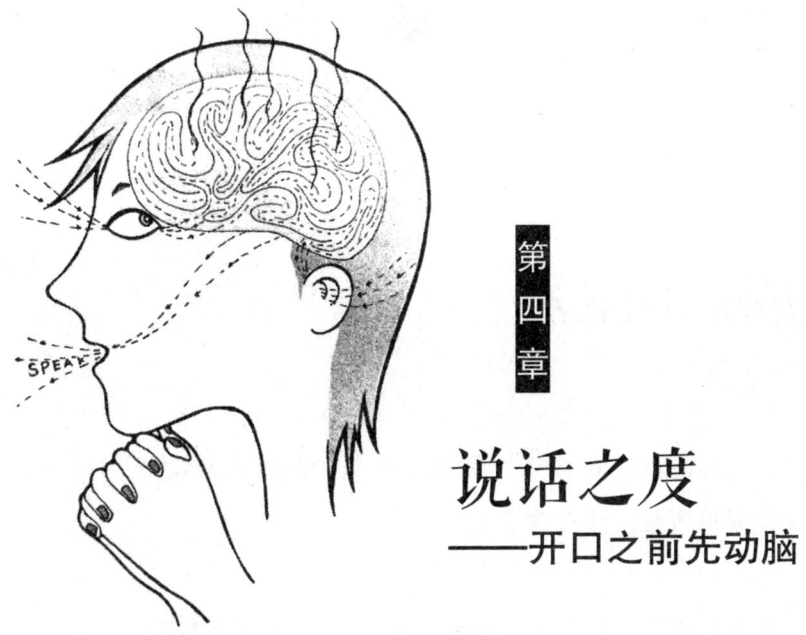

第四章

说话之度
——开口之前先动脑

　　说话是一件很重要的事情，不会说话就办不成事，不会说话就可能得罪人。在日常生活中，我们办事不顺、与人交往失败往往都是说话方面存在问题。很多人说话时不留神，没看清情况如何，就乱开口，说出的话不经过大脑思考，结果往往是令自己后悔不已。因此，在开口之前，我们最好看看场合，看看对象，用脑子好好思考一下，拿捏说话的分寸。我们要学会说该说的话，不要说不该说的话。否则，听之任之，必会为自己的嘴巴所害。

站在对方立场上说话

你想把事做到位，把话说得体，首先必须站在对方的立场去考虑问题，为对方着想。

曾听过这么一个故事，有个小徒弟跟着师傅学做木椅。

第一个月，小徒弟的主顾是个年轻的客人。椅子做好之后，年轻客人觉得椅子做得太小了，很不高兴。这下小徒弟可慌了神儿，不知道该怎么办才好。师傅见状连忙过来对客人说："小不占地方，您可以随处放，这样也是为了给您节约成本，既精致又实惠。"年轻客人想了想，觉得有道理，高兴地交了钱，带着椅子走了。

第二个月是位中年客人，他对着做好的椅子端详了半天，说："这椅子做大了吧。"小徒弟听后急出了一身汗，还是师傅过来微笑着说："您心宽体胖，这椅子正是为您特意做的，再说，放在您的豪华大厅里，也显得落落大方不是！"中年人听了很满意。

到了第三个月，有个农民来定做椅子，小伙子心想这次一定要精益求精，不能再让客人挑出毛病来。可万万没想到那农民对地道的工艺一句称赞的话没说，却一个劲地抱怨工期太长了，而且越说越生气。这下徒弟更不知所措了。师傅见此，却乐呵呵地说："慢工出细活儿，为了出精品，我们宁肯为您多花点时间。"农民转怒为喜，满意地带走了椅子。

第四个月接了一个商人的活，徒弟吸取了以往的教训，加快了进度，很快就把椅子做好了。然而，那商人却嫌完工太快了，担心做工不好，徒弟正无从申辩，师傅走过来不紧不慢地说："您的时间我们可不敢浪费，您的时间就是金钱呀，所以我们为您加班加点，紧赶慢赶，这才完了工呢。"商人听后，脸上露出了满意的笑容。

看完师傅为徒弟救场时说的话，你发现了什么秘密没有？师傅每次都能通过自己的三言两语，让心里有怨气的顾客很快转换了看法，靠的就是站在顾客的立场上去解释，让对方感到是在为其考虑。

很多人都知道，在生意场上，顾客是上帝。然而，上帝有着不同的层次、不同的需要，如果我们在向上帝提供精美商品的同时，还能运用不同的语言、不同的形式，去满足一下他们的心理需求，就会使我们得到双重的收获，既让上帝买去了商品，又赢得了他们"下次再来"的可能，或许他们还能成为你的义务宣传员，帮你赚取更多的利益回报呢！而这个回报的成本，也许只是我们的一句适宜得体的话，也许只是我们的一个微笑而已。

你若请求别人做一件事，而对方不肯时，往往最令你难堪的不是事情没办成，而是自己遭到拒绝，失去了面子。当别人求你做一件事时，你不好意思拒绝对方，是因为你怕伤了人家自尊，这时，说话是否有"度"，就看你的说话智慧了。

历史上很多成功的领导人都精通拒绝的艺术。他们在说"不"的同时，还能给足对方面子，原因就是站在对方的立场上说话，让对方感觉是在为其说话。19世纪时的英国首相迪斯雷利就是一个不错的例子。

有个野心勃勃的军官曾一再请求迪斯雷利加封他为男爵，首相知道此人才能超群，也很想跟他搞好关系，但该军官的功勋还达不到加封的标准，因而迪斯雷利无法满足他的要求。一天，首相把这位军官单独请到办公室里，对他说："亲爱的朋友，很抱歉我不能给你男爵的封号，但我可以给你一样更好的东西。"军官一听，非常期待。迪斯雷利放低声音说："我会告诉所有人，我曾多次请你接受男爵的封号，但都被你拒绝了。"

这个消息一传出，众人都称赞军官谦虚无私、淡泊名利，对他的礼遇和尊敬远超过任何一位男爵，军官由衷地感激迪斯雷利，后来更是成为他最忠实的伙伴和军事后盾。

所以，如果能站在对方立场上说话，就算是拒绝了对方，也能够让对方感激你。那些掌握了说话智慧的人，总能够化不利为有利，将对方的"心"俘获。有些人总是过于强势，偏要在对话中占据上风，并为此沾沾自喜，殊不知，一切辩论都可能带来副作用，只有站在对方的立场上来看问题，让客户觉得你是真心从他的角度出发，为他考虑，最后赢的人才可能是你！

央求不如婉求

劝导不如诱导，央求不如婉求。

婉求，就是委婉地提出自己的要求。也许，有时候我们低声下气地请求可以达到目的，但并不是每次放低姿态别人就会答应我们的要求。更坏的情况是，既没有得到自己想达到的结果，还被有心之人借机羞辱，失掉了尊严。因此，假如情况不允许我们开门见山、直截了当地提出要求时，央求不如婉求。

有时候，开口就把所求之事告诉对方，一旦被回绝，便没有了回旋的余地。不如尝试一下"顺便提起"的说话技巧。让自己在与他人的对话过程中，好像是不经意地提出了自己的请求，让对方在不知不觉中就答应了下来。

有一位父亲非常喜欢赌博，已经到了痴迷的地步，这样的结果自然是输得家徒四壁。长子终于不能忍受父亲的堕落，虽然这位长子生性温顺，百事能忍，但还是鼓起勇气向父亲提出了自己的请求。但长子跪在地上的央求并没有令父亲改邪归正。父亲依然如故，天天继续赌博。

次子看到了这种情形，终于在某一天走到父亲面前，低声道："老师教导我们，在学校里，要尊重师道，回到家里来，就要听父母亲的话。尊师训我可以功成名就，但是，听父言我可以获得什么呢？"次子的话还没有说完，父亲已经泪流满面。父亲痛心疾首地说："孩子，你说的话言简意重，爸爸知道错了！"从此戒赌。

长子央求甚至哀求父亲，并没有获得什么效果；次子劝父，用了婉求之法，说出儿子在学校学到了什么，在家跟父亲能学到什么，入情入理，因而感动了父亲。

长子、次子劝父戒赌的不同效果，让我们看到了提出请求时采取不同方式，所取得的结果是极不相同的。在请求别人时，千万不要一上来就开始你的请求，要先创造一个尽可能和谐的与主题表面看起来并不相关的气氛，让对方放松下来，在不知不觉中开始接受你的真实要求。这样往往能达到比较好的效果。

该说不字就说不

　　回绝他人，需要在两者间寻找平衡点：不表现得无礼；不做自己不想做的事情。拒绝对方，要给对方留退路，要给对方留面子。

　　拒绝别人和被别人拒绝，是每个人一生中几乎都会经历的事情。这是人生非常真实的一面。谁都有这样的经历：朋友、同事甚至领导来找自己帮忙，但有时他们所提出的要求是自己没有能力或者是不愿意做的。因此，我们或者拒绝了别人的请求，或者违心地接受了，但却很艰难地完成了，或者没有办法兑现承诺。

　　我们之所以难以说"不"，是因为我们往往将拒绝事情和拒绝人混为一谈了，我们担心拒绝人会损害双方关系。

　　不愿拒绝他人似乎是一种人的本能。也许，那些能够毫无困难地回绝他人的人，难以真的令人欣赏。当然，有些人非常成功，因为回绝他人最奏效的手段，莫过于有一张厚厚的脸皮。而其他人则需要在两者间寻找平衡点：不表现得无礼，不做自己不想做的事情。这似乎是一个个人问题，有时当我们不希望因拒绝别人而显得粗鲁，且做了自己不想做的事情时，这可能并不是一件太糟糕的事。

　　其实，拒绝别人和被别人拒绝有如家常便饭。人生就是不断地说服他人，以寻求合作的过程；反过来也可以说，人生是不断地遭到拒绝和拒绝他人的过程。当遇到别人不合理的请求时，我们不必委曲求全答应对方，给自己徒增烦恼，但如何做到有技巧地拒绝呢？

要拒绝别人，首先要求拒绝者态度和蔼。尽可能不要在别人开口请求时就给予断然拒绝；最好不要对他人的请求迅速反驳，或流露出不快的神色；更不要藐视对方，坚持完全不妥协的态度，这些都是不妥当的。我们应该以和蔼可亲的态度诚恳地应对别人的请求，别忘了，我们也有要请求别人帮助的时候。面部表情要和颜悦色，最好能多谢对方想到你，并略表歉意。当然，过分的歉疚是没必要的，这容易令对方产生你的确有欠于他的错觉。

拒绝要开诚布公，明确说出拒绝的原因。拒绝对方时，不要采取模棱两可的说法，令对方摸不清你的真实意思，从而产生许多不必要的误会，导致彼此关系破裂。说出理由后，你只需要重复拒绝，而不应与之争辩。如对频频请求的人和气地说："对不起，这次我真的无法帮忙，请你别介意。"这样一般不会产生不良后果。你自己心里要明白，你是在对他的请求说"不"，而不是他这个人。

拒绝时不要伤害对方的自尊心。拒绝对方，要给对方留退路，也就是给对方留面子，要能给对方下台的梯子。你必须自始至终很有耐心地把对方的话听完，当你完全听完对方的话后，心里应该有了主意，这时再来说服对方，就不会使对方难堪了。

有些拒绝，不能把话完全说死，特别是在商界，要让对方明白，此次遭拒绝，尚有下次机会。若要对付的是一个很难缠的人，拒绝他时，最好避免视线直接接触，选择位置以斜、横为佳。如果很有把握能够加以拒绝的话，只管堂而皇之与对方面对面相坐。当你选择地点来拒绝对方时，还要考虑到时机问题。有时候，拖延一段时间，审慎选择机会，会使得原来紧张的局面完全改观，这也是一种拒绝人的技巧。

切忌通过第三者拒绝。这样做会让对方认为你不够诚挚，或显示出你的懦弱。

如果可能与必要，拒绝之后，为对方提供其他途径的建议。

通常来说，拒绝人者占上风，遭人拒绝者占下风。遭人拒绝时，凡事要看开一点，既然多说无益，不如漂亮干脆地来个撤退。

我们在遭人拒绝时，心情是不可能愉快的，但是还要顾全大局，尽量装出微笑，留给对方一个美好的印象。有时候，拒绝并非意味着直接断绝联系，之后不再有任何交集。我们仍需要努力做好善后工作，维持好人际关系。如果你不气馁、不抱怨，重视善后工作，下一次交涉的成功概率会更高。

该说软话时别硬说

　　该说软话时，我们就千万别硬说，否则，会弄巧成拙。而当我们能够做到巧妙地"软"说时，我们往往能够获得更好的结果。什么时候说软话，什么时候说硬话，这就需要把握住一个度。

　　软话，就是形容那些婉转地说出的话，有策略地迂回地说出的话；而硬话，则是形容直来直往、开门见山的话。

　　很多时候，我们为了不浪费时间，总要直截了当地说话，但是，有时候，我们不能一下子就直奔主题，需要说话前过一过大脑，把话想好了再说，以免说了比不说更糟糕。有时候，看到别人犯了错误，如果我们不说，也许会比说出来更好。

　　在该说软话就别说硬话的情形里，有一种情况是"别指出他人的错误"。有些朋友一听就不明白了："别人犯了错误，我们还不指出来，这样未免太不够朋友了吧。"

　　其实，有时候，我们不指出别人的错误，反而能够获得更好的结果。

　　有一天早上，杨乐办公室的电话响了。一位焦躁愤怒的主顾，在电话那头抱怨杨乐公司运去的一车木材完全不合乎他们的规格，他的公司已经下令车子停止卸货，请杨乐立刻安排把木材拉回去。在木材卸下四分之一车之后，他们的木材检验员报告说，55％不合规格。在这种情况下，他们拒绝接受。

　　杨乐立刻动身到对方的工厂去。途中，杨乐一直在寻找一个解决问题的最佳办法。通常，在这种情形下，他会以他的工作经验和知识，引用木材等级规则，来说服检验员，因为那批木材完全达到了标准。然而，他又想，还是把课堂上学到的做人处世原则运用一番看看，他要运用的就是"该说软话时就别硬说"。

　　他到了工厂，发现购料主任和检验员闷闷不乐，一副等着抬杠吵架的姿态。众人走到卸货的卡车前，杨乐要求他们继续卸货，让自己看看情形如何。他请检验员继续把不合规格的木料挑出来，把合格的放到另一堆。

　　事情进行了一会儿，杨乐才知道，原来对方的检查太严格，而且也把检验规则弄拧了。这批木料是白松，杨乐知道那位检验员对硬木的知识很丰富，但检验白松的经验却不足，碰巧白松是杨乐最在行的，但他会立刻对检验员评定白松等级的方式提出反对意见吗？绝对不会。杨乐只是继续观察，慢慢地开始问对方某些木料不合标准的理由何在，一点也没有暗示对方检查错了。杨乐强调，他是在请教对方，只是希望以后送货时，能确实满足他们公司的要求。

　　杨乐以一种非常友好而合作的语气请教对方，并且坚持要对方把不满意的部分挑出来，对方的情绪不再紧绷，双方之间剑拔弩张的气氛也开始松弛消散了。偶尔他小心地提问几句，提示对方有些看起来不能接受的木料可能是合乎规格的，也旁敲侧击的告诉检验员同价位里这样的货物质量已经是最好的了。整个过程中，杨乐都非常小心，不让对方误以为自己在有意为难他。

渐渐地，双方聊得越来越投机，最后检验员坦白地承认，他对白松木的经验不多，并且问杨乐从车上搬下来的白松木的问题。杨乐抓住机会简略解释了为什么那些松木都合乎检验规格，但仍然强调，如果检验员坚持认为不合格，不必一定收下。这一轮情感攻势之下，检测员竟到了每判定一块在标准边缘的木材为不合格，就有罪恶感的地步，并且他也看出，错误是在于他们没有事先指明自己所需要的是哪个等级。

最后的结果是，在杨乐走了之后，他重新把卸下的木料检验一遍，全部接受了，于是杨乐公司收到了一张全额支票。

单以这件事来说，运用一点小技巧，以及尽量制止自己指出别人的错误，就可以使公司在实质上减少一大笔现金的损失，而杨乐所获得的良好关系，远非金钱所能衡量。

真心赞美，诚心恭维

赞美和热情是每个人都需要的，我们不应该吝啬自己积极的一面。当然，我们也要学会把握好赞美和恭维对方的时机，做到恰如其分。

人都需要情感，需要别人的尊重，所以，多说些赞美别人的话，对于增进人际关系的融洽度是很有好处的。如果你希望营造出和睦的谈话氛围，就有必要表现出"真心赞美，诚心恭维"的态度，给人家留面子。

美国大诗人惠特曼的诗作问世后长时间里遭到冷落，这几乎让他万念俱灰。就在这时候，他收到了一封信。信上说："亲爱的先生，你所馈赠的大作《草叶集》我十分看重。深以为这是美国有史以来智慧与技巧结合起来的极致。对你在诗坛上的良好开端，我表示由衷的敬意。"

这封信是R.W.爱默生写来的，它对于此时的惠特曼来说就是最大的赞美。马克·吐温曾说："我可以靠别人对我说的一句好话，快活上两个月。"

赞美的力量是多么的重大呀。我们要做到"吹捧而不留痕迹，恭维而不致反感"，就要有敏锐而准确地洞悉他人心理的能力，捕捉对方在心理上渴求什么，避讳什么，有针对性地赞美和恭维。

刘波是一家生产保健器械公司的员工，刚刚到职那会儿，他每天都要接待许多陌生的客户，由于一开始他未能很好地把握对待不同职业者的距离，工作中曾出现过不少的尴尬局面。有了经验之后，他便慢慢地懂得了如何接待陌生的客人了。只要对方自报家门，是哪个单位的，他就会以相应的方式对待。

　　有一次，一家医院的采购员到这里订购保健器械，刘波知道这家医院在国内具有相当的影响力，又听说这个采购员非常挑剔，光说好话没有用。可是他知道，如果搞好了，那位采购员将会为公司增加一大批订单，并提高公司的知名度；如果搞不好，就会直接影响到本公司的声誉。

　　他从这个业务员的行事作风上推断出，与这种人交往要做到不卑不亢，不可太远，也不能太热情。但是，这并不意味着对方不愿意听赞美的话，关键在于说什么，如何说。

　　凭借自己多年的经验，刘波感觉到，对待这种人最重要的是要让对方感觉到你认为他是一个有决定权的大人物，让他感觉到自己的重要性，满足了他的这种自尊心，其他的自然都好办了。

　　果然，刘波那一句句较为得体亲切的赞美使这位采购员甚为高兴，仿佛刘波不是他的谈判对象，而是他的同事。于是，他谈起曾经接洽过的几家公司，认为有的太烦琐，让人受不了，使人怀疑他们公司的产品有缺陷；有的则太冷淡，让人不能忍受对方的清高。但在刘波这里，不但没有那些公司给他的不舒服的感觉，还受到了刘波得体的赞美。于是，他也很热情地把刘波及其公司赞美了一番。

　　从此，公司和医院的业务往来就非常频繁了，而公司的美誉度也得到不断提高。

　　当然，我们也要学会把握好赞美和恭维对方的时机。

　　假如某位女士的事业心很强，从来不喜欢生活在作为名人的丈夫的光环下，但是，最近她的一次职务提升的确是丈夫从中助了一臂之力。这时，如果你向她祝贺说："您真是有眼识泰山，眼光很好呀，选对了老公。嫁人就应该嫁你老公这样子的，我真是恨不得再嫁一次呀。"那么，她心里一定会非常生气，说不定还会当场发作呢。原因是，你的这句赞美，无疑是向其敏感的神经上刺了一根钢针！因此，赞美和恭维也要恰如其分，要洞悉对方的真实心思才行。

　　总之，一副冷漠的面孔和一张缺乏热情的口齿是非常令人反感的。不要吝啬自己的称赞，把它当作是一种无本投资吧，时间长了，你必定会收到非常丰厚的回报。

会批评，别人就更爱你

若想改变一个人而又不伤害双方的感情，甚至让对方感激和更喜欢你，最有效的方式是赞美，间接暗示对方，提醒其注意自己犯的错误。

我们前面提倡大家在生活中要对身边的人多一些赞美，然而，生活中还有跟赞美行为相反的，那就是批评。很多人认为，批评别人会使对方记恨自己，其实不然，只要你懂得如何去把握批评别人的"度"，拿捏好分寸，别人还是很乐意接受你的批评，并用实际行动去改正的。

很多教别人口才技巧的人或者书里经常这样说：在开始批评别人之前，要首先真诚地赞美对方几句，然后一定要接一句"但是"，再开始批评。举个例子，某家长为了改变自己孩子不专心学习的态度，以为这样说是最好的："罗罗，我们都以你为荣，你这个学期的成绩进步了，但是，如果你的语文更努力一点的话，就更好了。"

可能罗罗在听到"但是"之前，感觉是很高兴的，而听到"但是"之后，他很快就会怀疑家长赞扬自己的话的可信度。对罗罗而言，这个赞扬只是为了批评他失败而事先铺设好了的一条引线。

事实上，要想让别人真心地接受你的批评，想让听者对你更加喜欢，我们只要在刚才的说话里，换掉两个字，效果就会有天壤之别。怎么做呢？

只要把"但是"换成"而且"，问题就轻易解决了。请看：

"罗罗，我们都以你为荣，你这个学期的成绩进步了，而且，只要你下个学期继续努力，你的语文成绩也肯定会比别人高的。"

这样，罗罗就可以满心欢喜地接受这份批评了，因为后面没有什么失败的推论在等着自己。家长已经用一种非常高明的说话方式，让罗罗知道父母要他改进的行为。令人确信的是，罗罗必定会尽力向着这个期望进发。

那么，作为一位企业的领导，当看到自己的下属违反企业纪律时，你又该如何批评他们，如何让他们虚心乐意地接受你的批评，还更加爱戴你呢？

有一天，查尔斯·斯科尔特经过由他管理的美国钢铁公司的一家钢铁厂。当时是中午，他看见几位工人正在抽烟，而在他们的头上，正好有一块大牌子，上面写着"禁止吸烟"。如果你是斯科尔特，你会怎么做？会不会走上前去，指着那个大牌子说："你们不识字吗？"

很多管理者会这样做的。但是，斯科尔特没有这样做。他走向那些人，递给他们每个人一根雪茄，然后说："各位，如果你们可以到外面去抽这些雪茄，我将感激不尽。"工人们立刻意识到自己违反了一项规定，同时，他们也更加敬重斯科尔特了。

如果你遇到了斯科尔特这样的总经理，看到你抽烟是违反了公司规定，却还送给你小礼物，并对你很有礼貌，让你受到尊重，你会不喜欢这样的人吗？

当面指责他人，只会造成对方顽强的反抗，而巧妙地暗示对方注意自己的错误，则会受到爱戴和喜欢。

1887 年 3 月 8 日，美国最伟大的牧师、演讲家亨利·华德·毕奇尔逝世。毕奇尔的影响力巨大，被美国人评价为"改变了整个世界的人"。为了纪念他，一个演讲纪念大会将举行，而罗曼·阿尔伯特应邀向那些因为毕奇尔的去世而悲伤不语的牧师们演说。

由于急着想表现出最佳状态，罗曼把自己的演讲稿写了又写，改了又改。在作了严谨的润色后，他读给妻子听，让她给予意见。

妻子感觉写得很不好，就像大部分的演讲稿一样。假如她的口才水平不够，她可能会说："罗曼，你写得太糟糕啦，这样不行，你如果真的给听众读了这样的稿子，他们肯定会一个个都睡着了。这念起来就像是一本百科全书。你已经演讲这么多年了，怎么还会写成这样呢？天哪，你怎么不能像普通人一样说话呢？你难道不能表现得自然一些吗？如果你想自取其辱，就读这篇文章吧。"

然而，幸好她没有这样说，否则，诸位一定能猜得到会有什么样的后果。当然，她也知道。因此，她是这样说的："罗曼，这篇演讲稿如果刊登在《北美评论》杂志上，将会是一篇极佳的文章。"

罗曼·阿尔伯特一听就明白了妻子的意思：她称赞了这篇演讲稿写得很好，但同时又很巧妙地暗示，要是把这篇演讲稿用来演说的话，效果可能并不理想。

于是，他把自己精心准备的原稿撕掉，后来演讲时甚至连写着演讲大纲的小纸条都没有使用。

　　若想改变一个人而又不伤害双方的感情，甚至让对方感激和更喜欢你，最有效的是用赞美的方式，间接地暗示对方，提醒其注意自己犯的错误。

　　当我们掌握了这个原则后，我们还会怕因批评别人而引来别人记恨吗？

第五章

交友之度

——远离损友近益朋

　　你是否有过这样的感受：当我们到一个遥远而陌生的城市去时，一想到那里有个朋友，我们的心里就会对那个城市整体产生温暖和亲切的感觉。不管我们的朋友在那个城市里是多么微不足道。

　　"相识满天下，知心能几人"，友谊是一笔人生财富，也是我们最重要的心理安慰和依傍。

　　人活在社会里，就要和他人进行各种各样的交往和合作。若你准备做个"独行侠"，单枪匹马闯天下，结果只能是被社会淘汰。然而，交朋结友也不是多多益善，人际关系是很复杂的。我们在交朋友时，一定要把握好一个"度"。对于那些能提升我们品德、帮助我们取得成功的人，我们自然是积极交往；但那些势利的"朋友"，那些"变色龙"式的小人，那些酒肉朋友，我们还是不要跟他们过往太密，能躲则躲。

　　把握好交朋结友的分寸，知道跟哪种朋友多来往，跟哪些"朋友"少接触，对我们是有好处的。把握好交友之度，我们就能避免在交往中吃亏，须知，失败的人际交往着实误人不浅。

生命中的三种人

　　每个人一生中都会遇到三种人：第一种是给你博大的爱，也让你无时无刻不感受到爱的人；第二种是促使你成长，却经常让你感受到痛苦和怨恨的人；第三种是你的人生旅途中不可或缺的陌生又熟识的人，他们可能在你行走于生命旅途中转化为第一种人，也有可能成为第二种人，这在于你自身的努力。

在我们的生命中，会遭遇形形色色的人。

一个人不可能被所有的人所接纳，更不可能被所有的人所包容。一种米养千种人，所以能以一颗平常之心去面对沉浮人生才是应有的态度。

我曾向一位从事教育多年的老教师提了个很俗气的问题："何为幸福之道？"老人没回答我，却塞给我这句话："每个人的生命过程中，都将遇到三种人。"

在我们的生命中，往往会有三种人轮回着出现，他们交错于我们的生活之中，构建着我们的五味人生。

第一种人是欣赏我们、理解我们、爱护我们、尊重我们、器重我们的人。他们是我们生命中的贵人，可为师可为友，是天使派来呵护我们的人，我们一定要百倍地珍惜，千倍地回报。

第二种人是与之相遇、相处而撞击出异样火花的人，他们可能因为曲解我们而产生分歧，甚至会演绎为中伤乃至给我们致命的伤害。对于这种人，我们只需要远离，而不与之计较，更不去为此烦恼。因为我们知道，你必须先悦纳自我，而后宽恕那些伤害过你的人，这才是真正地善待自己。

第三种人是与我们每日擦肩而过的芸芸众生，虽然生于同一个时代，同享一片蓝天，但他们又与我们互不相干，只需要我们与之和平共处，以礼相待。

最令人寒心的是你全心全意地忠诚一个人，尽心尽力为他奉献着一切却得不到信任和接受；最令人感动的是他发现了你的不足和过失而以爱护和接受的态度点拨你、包容你并宽恕你而给你改过的机会；最令人痛心的是发现了自己的性格缺陷而难以改变，致使重复犯错而影响自己的发展；最令人敬佩的是接纳你的优点又正视、包容你的缺点而频频给你机会的人。

不管别人喜不喜欢、接不接受，我们总会有一些永远改不掉的脾气、秉性和缺点；不管自己怎么努力、怎么改善，总会有一些人不喜欢你。所以坦然做事，真诚做人，不愧于良心，无愧于他人，就可以心安理得了。坦然接受自己是为人的原则，坦然面对他人是解除武装的方法。

那么，在人生旅途中的三种人里，无怨无悔不求回报地关心你、爱护你、帮助你的人，伤害你、欺骗你、利用你的人，既不曾伤害你、欺骗你，但也不曾予你以关怀与无私帮助的人，谁是你心目中的第一、第二、第三种人呢？

父母、兄妹、妻儿、要好的师友……他们显然是第一种人；而或是打着爱情幌子却骗钱、骗财、骗感情的恋人，或是在生意场上

反复敲诈过自己的人……这些自然当之无愧地成了第二种人的排头兵；第三种人，有同学、有同事、有邻居、有偶尔相遇而结识的路人，数不胜数。

那么，在你心目中，哪种人数量最多，哪种人数量最少呢？

毫无疑问，第三种人数量最多，无法统计；第一种人和第二种人往往人数很少。

只不过，我们要切记的是，第一种人是给你博大的爱也让你无时无刻不感受到爱的人；第二种是促使你成长，却经常让你感受到痛苦和怨恨的人；第三种是你的人生旅途中不可或缺的陌生又熟识的人，他们可能在你行走于生命旅途中转化为第一种人，也有可能成为第二种人，这在于你自身的努力……

在任何人的一生中，只有当第一种人的数量在你心中呈几何倍数增长，达到一个辉煌的数值，而第二种人数目却逐渐接近于零时，你才会离幸福生活越来越近！反过来，当你出现在他人心目中的第一种人行列里的次数越多，成为他人心目中的第二种人的次数愈少，你离成功的人生才越来越近！

任何人的生命中都有三种人出现，这不仅与"幸福之道"息息相关，也与"成功之道"紧密相连。

一个半朋友

你可以对朋友用心，但绝不可以苛求朋友给你同样的回报。如果你苛求回报，失望也同时隐伏。

人生在世，谁也不可能不交朋友，除非他愿意一辈子活在深山老林里，不食人间烟火。只要活在社会里，就必然要与别人打交道，就需要在别人的帮助下去做成一些事情。于是，便有了这样的千古名言：在家靠父母，出外靠朋友。

每每讨论起"靠朋友"这个话题时，我就会很轻易地想起一个故事。在这里，咱们不妨重温一下：

从前有一个很仗义的人，广交天下豪杰武夫，临终前他对儿子讲，别看我自小在江湖闯荡，结交的人如过江之鲫，其实我这一生就交了一个半朋友。

儿子纳闷不已。他的父亲先是交代一番，然后对他说，你按我说的去见见我的这一个半朋友，朋友的意义你就会懂得。

儿子先去了他父亲认定的"一个朋友"那里，对他说："我是某某的儿子，现正被朝廷追杀，情急之下投身你处，希望予以搭救！"这人一听，容不得思索，赶快叫来自己的儿子，喝令儿子将衣服脱下，穿上了眼前这个并不相识的"朝廷要犯"的衣服。

适度

儿子明白了：在你生死攸关的时刻，那个能为你肝胆相照，甚至不惜割舍自己亲生骨肉搭救你的人，可以称作你的一个朋友。

儿子又去了他父亲说的"半个朋友"那里，抱拳相谒把同样的话叙说了一遍。这"半个朋友"听了，对眼前求救的"朝廷要犯"说："孩子，这等大事我可救不了你，我给你足够的盘缠，你远走高飞快快逃命，我保证不会去官府告发你……"

儿子明白了：在你患难时刻，那个能明哲保身、不落井下石加害你的人，可以称作你的半个朋友。

那个父亲的临终告诫，不仅让他的儿子，也让我们懂得了一个道理：你可以广结朋友，也不妨对朋友用心善待，但不可以苛求朋友给你同样的回报，善待朋友是纯粹快乐的事，如果苛求回报，快乐就会打折扣。

"势利之友"要提防

　　　利益往往是一块试金石。山盟海誓不可信，利益面前见分晓。只为自己打算的人私心太重，交友时碰到这样的人，要注意提防，千万别被他们的花言巧语给迷惑了。

　　朋友之交，贵在相知，但是也有的人是以权势、钱财作为交友的条件，这种以"势利"的眼光对待朋友的人，历来被人们称为"势利小人"。

　　在封建社会里，趋炎附势的"势利小人"到处可见。唐代的李适之，天宝年间曾经官居左丞相职务，他辞去相位以后，曾写过一首《罢相作》。诗云："避贤初罢相，乐圣且衔杯。为问门前客，今朝几个来？"诗人李白也有《赠从弟南平太守之遥》一首，写道："一朝谢病游江海，畴昔相知几人在？前门长揖后门关，今日结交明日改。"上述两首诗，反映的都是当时社会的一种人情，即得势时高朋满座，失势时门庭冷落，位尊时一言九鼎，位卑时贱为鸡犬，这就是所谓"贫居闹市无人问，富在深山有远亲"。

　　中国的传统道义从来是重情谊、讲信义而鄙视势利小人的。有一首名为《昨日行》的诗写道："种树莫种垂杨枝，结交莫结轻薄儿；杨枝不耐秋风吹，轻薄易交还易离。君不见昨日书来两相忆，今日相逢不相识。不如杨柳犹可久，一度春风一回首。"唐朝大文人韩愈在柳宗元死后写过一篇《柳子厚墓志铭》，其中有一段是对势利之交的描写和揭露："今夫平居里巷相慕悦，酒食游戏相征逐，诩诩强笑语以取下，握手出肺肝相示，指天日涕泣，誓死不相背负，真若可信。一旦临小利害，仅如毛发比，反眼若不相识，落陷穽不一引手救，反挤之，又下石焉者，皆是也。"意思是说，这种势利小人平时形影不离，笑容可掬，信誓旦旦，死不相负，实际上，这些全是假的，一旦利害相关，即如同路人，甚至落井下石。既无半点友情，也毫无信义可言。明末学者李贽说得好："以利交易者，利尽则疏，以势交通者，势去则反，朝摩肩而暮掉臂，固矣。"

"势利小人"交友的出发点，可以用两个字加以概括，即谋私。这种人的眼睛总是向上，总想攀高枝、抱粗腿，这无非是要沾点光，捞点好处。这种人善于那些表面上的礼节客套、甜言蜜语，实际上全是一片虚情假意，毫无真情可言。对别人，有势则亲，失势则疏；对自己，有利则"热"，无利则"冷"，相互之间，"利则相攘，患则相倾"。更有甚者，明里一把火，暗中一把刀；嘴上称"兄弟"，脚底使绊子；当面叫"哥哥"，背后摸"家伙"。

"势利小人"在我们这个社会中还是存在的，他们所施展的"势利"之道有时也很有效，但终究还是可鄙可悲的，不仅丧失了人格，也永远无缘得到真正的友情。

而作为我们在交友时又该怎么办呢？那就要注意提防那些"势利之友"了。利益往往是一块试金石。山盟海誓不可信，利益面前见分晓。只为自己打算的人私心太重，交友时碰到这样的人，要注意提防，千万别被他们的花言巧语给迷惑了。

离"长舌朋友"远一点

　　　　永远不要把自己的隐私告诉那些"长舌朋友"，否则，你就好比在自己身边埋下了一颗地雷，没爆炸时风平浪静，但某天一旦被引爆，你就可能彻底完蛋。

　　你听说过"长舌妇"这个词吗？指的就是那些制造和传播"八卦新闻"的人，那些喜欢造谣和传谣的人。

　　请你检视一下身边的朋友和同事，看看有没有喜欢到处传话的人，假如有，那么在这类人面前时，你说话和办事时都必须非常小心，要不然你就有可能遭殃。如果你遇上了喜欢告密的人，结识了喜欢打小报告的朋友，交了乐于传播小道消息的朋友，那么，你最好还是赶紧躲得远远的。如果沾上了这种人，就相当于跟是非沾上了边。

　　"长舌朋友"的可怕之处在于，他们的长舌时机是有选择的，他们告密的目的就是谋取好处，甚至从你的被伤害中谋得利益。

　　通常，我们在朋友面前说话办事都会少了很多顾忌，而且，我们往往会认为朋友都是不会乱说话、不爱乱传话的人，于是，心里就更不设防了。只是，当你跟朋友们吃饭喝酒，两杯下肚，把心里话都倒了出来时，是否想过：当你的心里话涉及他的个人利益时，他是不是有可能偶尔"说东道西"一把，以达到自己的目的呢？

适度

任成是一个性格开朗、心怀坦诚的人，对朋友总是敞开心扉，无所不谈。在他刚走进社会参加工作时，有一个同期入职同事，由于他们的性格、志趣和家庭出身等方面的情况都非常类似，于是他们便成为"亲密无间"的好朋友。

在工作上，每当遇到了什么问题，任成总会和那位朋友一起讨论解决，复杂些的事情他们便会先分工后合作，经常工作到第二天凌晨三四点钟。由于两人的精诚合作，他们创造出了一项又一项优秀的工作业绩，他们两人也都受到了上司的高度重视和好评。

某天晚上，又是只有任成和那位朋友两个人在办公室里和电脑打交道，又一次在规定的时间里完成了同行看来"不可能完成的任务"。由于时间太晚了，两人都不想回家，便去了一家酒吧喝酒谈心。在酒精的作用下，毫无戒心的任成向他诉说了自己打算出国深造的梦想，准备再工作两年就不干了，到国外去镀镀金。

后来，任成意识到上司对自己和对那位朋友的嘉奖不再一视同仁，他明显比自己更加受到器重。任成开始有些不解，便找上司谈话，上司只是闪烁其词，谈了一些公司愿意把锻炼机会更多地给那些愿意在公司长期服务的员工之类的话。

任成开始反思，很快他就明白了，是那位平时跟自己亲密无间的朋友向上司"汇报"了自己的私人打算，才使得谨慎的上司对自己的忠诚度产生了不信任。很快，任成在公司中失去了发展的前途，黯然提出辞职，去了另一家公司。

如今的任成学会了跟别人"下棋"：在细节上保护好自己，不去深入了解别人，免去不必要的烦恼；不让别人了解自己的私人生活，时时注意保护自己，话题一旦涉及个人就有意避开；不再参与他人之间的相互了解，办公室成了绝对"办公"的场所。

　　朋友间称兄道弟、推心置腹、惺惺相惜，一方面体现出彼此的尊重和平等，另一方面编织着互相合作的纽带，交朋友是一件愉快的事情。因此，大多数人都希望交到更多的朋友，也希望别人能像对待朋友一样对待自己。这是人之常情，出发点和愿望都非常美好。

　　但是，在看清周围朋友的真面目之前，首先要检视一下他的舌头有多"长"。永远不要把自己的隐私告诉那些"长舌朋友"，否则，你就好比在自己身边埋下了一颗地雷，没爆炸时风平浪静，但某天一旦被引爆，你就很可能彻底完蛋。

跟不懂感恩的人断交

不懂感恩的人只记得你的坏处，从不念你的好处，纵使你对他掏心掏肺，也难抵他对你恨水一滴。对于这种人，每个善良的人都应用心提防，最好跟他断交。

交朋友真的不容易，交个相知一生的朋友就更难了。

对朋友的事我们总是尽心尽力，给朋友的好处我们并不是非得期望回报，但至少希望对方会懂得感恩，你心换我心，真心交真心，彼此间的友谊长长久久，也算没白交了一个朋友。然而，这只是我们理想中的状态，现实生活中我们却常常看到，有的人朋友对他的好处他记不住，有一点让他感觉不好的地方就耿耿于怀，不是恶言相向，就是翻脸不认人。

有位在北京某大学任教的年轻老师梁新讲述了他生活中的一段经历。

梁新有一位中学同学刘非，大学毕业后在河北一所中学任教，因志不在此，总觉得对自己的处境不满意，加上恋爱受挫，年近而立时相交多年的女友又弃他而去，刘非便给梁新打电话，希望能帮忙在北京找个机会。梁新对同学的处境深表同情，就满口答应下来。他想到自己有个大学同学开了一家广告公司，就向他提出了要求。人家一听便对他说："老梁，我这里确实需要人，但是你的同学这层关系，一是不知道他能不能胜任，二是在管理上会给我造成诸多不便。"梁新依仗与这位同学关系不错，便大包大揽地说："你放心吧，刘非我不敢说他能力有多强，胜任工作没有问题。管理上你该怎么管就怎么管，真有什么事的话还有我呢。老同学就帮个忙吧。"就这样刘非进了这家广告公司工作。

干了一年多以后，刘非已经取得了一定的经验，便跳槽到另一家公司当上了策划经理。后来，在梁新的撮合下，刘非与梁新系里的一个打字员结了婚，生了孩子。

几年下来，刘非在北京基本站稳了脚跟，房子有了，车子买了，美中不足的是，夫妻感情不是太好，他总是嫌妻子学历低。另外，因为事业上始终没有再进一步，他也总感觉自己的才能没有得到应有的发挥。

感情上的问题也好，事业上的想法也好，这时候刘非应多从自身找原因，但是他把怨气都撒到了一心帮他的同学梁新身上：入错了行影响了自己一辈子，选错了妻子耽误了自己一辈子。用刘非自己的话说就是：我这一辈子两件最主要的事都让梁新给耽误了。

两人之间的关系自然就变得越来越僵了，梁新也想不到自己付出的真心和努力竟然会获得这样的结果，别提有多么伤心。梁新想，刘非就算不回报我，但至少也对我有些感恩之情吧，就算不对我感恩，也不能怪罪于我吧？但面对刘非如今这样的态度，他也只能无可奈何。

事实上，感恩归根到底还是一种思维方式的问题。像刘非这样的人考虑问题时只会围着自己转，以自我为中心，出发点都是以有利于自己，以看自己是不是有赚头为准，是否合情合理他就管不了那么多了。

有很多人奋力拼搏，汲汲营营地燃烧自己，好不容易才扎根大城市，有了点基础就想帮助家里人，于是什么侄子侄女、表弟表妹等一个接一个过来投奔。对这些亲戚，你就算再倾力帮忙也总有照顾不到的地方，到最后不管你尽了多大的力、花了多少钱，往往还是以把人得罪了而告终。原因何在？因为这些人记住的往往是你最后的"照顾不周"，你对不起他们的地方，而你是否尽心尽力，就似乎与他们无关了。

有人说，越是小人物越得罪不得，因为不懂感恩。一旦发现身边的朋友有这样的苗头，还是赶紧断交为妙。

在亲密无间中保持距离

　　人就像冬天里的刺猬，太近了刺人，太远了又觉得孤独和寒冷。"在亲密无间中保持距离"也许是对距离最好的诠释。保持距离绝不是设置心灵上的屏障或戒备防线。"距离"没有固定的数字，它因人、因场合而异，掌握了距离这一门学问，我们就学会了尊重和被尊重，就能更好地处理人与人之间的关系。

　　朋友是你可以靠着哭泣的肩膀，是一口你可以放心地把内心的痛苦往里面倾注的井，是一个令你热情高涨的巨浪，是一双把你从绝望里拉出来的手；朋友是一个无论发生什么事都不会出卖或舍弃你的同盟，是一个即便所有人都把你忘却也可以准确而响亮地呼喊出你的名字的声音；朋友是一堵坚实的墙，一颗炽热的心……

　　确实，人生在世，不能没有朋友。有歌词曰："朋友多了路好走。"多一个朋友多一条路，多交几个朋友总是会有益处的。但是，朋友关系不像父子和夫妻关系那样，事关亲情和法律，也不像上下级之间，有制度和法律的约束，所以，朋友之间聚也容易散也容易。因此，交友不但要慎重，而且朋友之间也应该随时保持距离，这样做不仅仅是为了自身，更是为了友谊的长久。

　　记得曾经读过一本题为《刎颈之交》的美国小说。说有一对非常要好的朋友，好得不可开交，其中一个结婚时，客人已经散尽，就剩下新郎和新娘了。这是一个美好的时刻，但是新郎却无动于衷，好像还在等着什么人。新娘终于憋不住问了新郎一声，新郎说他在等他的那位好朋友。新娘又羞又怒，抬手就给了新郎一巴掌。

小说当然不足为信，但它却提出了一个朋友交往中应该注意的问题，那就是，要适当地保持距离。异性朋友自然不必说，距离太近了容易使友情走偏，其实，同性朋友也应该防止过分的亲近。比如，随便插手朋友的私事并且乱出主意；想方设法打探朋友的隐私；随便翻看或动用朋友的私人物品；对朋友的妻子缺乏分寸感；等等，都是没有把握好距离的表现。

古人曰："与朋友交，敬而远之。"敬也就是保持一定的距离。俗语也说"过近无君子""有距离才会有美"，说的也正是这个意思。保持适当的距离，是朋友的距离。换句话说，距离是朋友的氧气。

有人酷爱交友，以"白道黑道都有朋友"为荣，于是三教九流什么样的朋友都敢交。凭一位熟人引荐，凭一张名片或一支香烟接上话茬，便成了"朋友"。两句甜言，三杯落肚，便相见恨晚，无话不谈，俨然至交一般。酒熟耳酣之际，便表示自己愿意两肋插刀，答应借钱借物、提供担保……结果"朋友"一去不复返，自己却担上了债务、惹上了官司。有些纯情少女迷上了网恋，一腔天真毫不设防，自以为交上了知己，找到了心目中的"白马王子"，便克服重重困难不远万里去赴约，结果呢？被骗钱又骗色，落得个"人财两空"的凄惨下场，悔之晚矣。有人不慎交上了瘾君子，一来二去，自己也被拉下水，毁掉了自己的大好前程。有人跟着"朋友"练功，一不小心却迷上了邪教，误入歧途而难以自拔。有人被"朋友"拉入黑社会团伙，帮"朋友"藏匿、销赃，为"朋友"提供保护，结果却落了个"窝藏罪犯"的罪名，甚至成了同案犯，最终与"朋友"共赴刑场。

交友不可强求，不可心切，不是什么人都可以成为朋友的。再好的朋友之间也应该随时保持距离。车与车太近，准出车祸；人与人太近，准出矛盾。适当的距离不仅是必要的，而且是必需的。有了距离的友谊，才有可能长久。

人与人之间，还没到亲密无间的地步时，便是一条射线，前面的路地久天长。一旦亲密无间了，就成了一条线段，那份交情就要进入倒计时了。英国政治家、作家本杰明·迪斯雷利曾经说过一句很著名的话："没有永恒的敌人，也没有永恒的朋友，只有永恒的利益。"朋友之所以不能永久，是因为我们往往情不自禁地把好事做尽，没有给友谊留下必要的生长空间。

两个人有如两条铁轨，平行着才能走远。真正的快乐是无法分享的，真正的痛苦也无法分担。与一个不幸的人分享幸福，只能使他的内心更加凄凉。心灵和情感上的某些东西是无法替代的，正如两条铁轨不能相交。心扉完全敞开，容易伤风着凉。将内心的隐秘昭示于恶人，会成为他手上的把柄；昭示于善人，会成为他精神上的负担，因为他要为你恪尽守口如瓶的责任。所以，一个心理成熟的人，不会自找麻烦，也不会让别人为难。

有一个人在单位里掌握着一点小权，围在他身边的"朋友"的确不少，他也很随和，对他那些所谓的"生死兄弟"无所不谈，他认为"朋友"之间就应该坦诚相待，而不应该有所保留，于是他在那帮"朋友"和"弟兄"面前自然也就没有了隐私。后来，他出国考察了一段时间，于是有人恶意传言说他不会回来了。

这时，他的一位最为知心的朋友为了讨好领导，向领导讲了他的不少坏话。哪知过了一些时间，他却不声不响地从国外回来了，并且还在原来的位子上掌权。于是他就冷眼见证了一场极为精彩的表演：那位朋友不仅毫无愧色，而且还要为他这位"知己"接风洗尘。他对人感叹道：不是每一位朋友都值得毫无保留的信任，对待朋友要在亲密无间中保持距离。

其实，这样的事情在我们身边，在我们所生活的这个社会里并不少见，这些人的错误不在于他们过分地相信朋友，而在于他们和朋友之间没有保持应有的距离。朋友之间以诚相待没错，但这并不意味着朋友之间就应该毫无保留，没有一点隐私。在一定的情况下，朋友是最值得信任的，但在有些时候，朋友也是最危险的人。所以，朋友之间应该时时刻刻保持应有的距离，一旦跨越雷池，受伤的不仅仅是你自己，而且你苦心经营的友谊也会一去不复返。

第六章

行善之度
——积德行善不过善

　　俗话说："给一碗米养恩人，给一斗米养仇人。"做好事也不是做得越多越好，也必须把握一个"度"字。虽然长辈们经常教导我们要行善积德，然而，行善也不能过善。我们必须拥有善心，应该为人心地善良，有同情之心，有恻隐之心，常怀善念，以善为宝。但是，"人善被人欺，马善被人骑"，为善不可过善，行善切勿良莠不分。否则，过分的善良就会事与愿违。过分善良往往会被很多人看不起，有些人甚至会经常欺负你。过分施善，难得善报。若您不信，可以留意生活中发生的类似事件。

你不必是个完美的好人

你不必成为一个完美的好人，因为好人总是难做，完美的好人更是。

前不久，有一个关于"好人"的案例引发了很长一段时间的讨论。好人是一位年近五十的中年男人。一天傍晚，他在下班回家的路上看到一位同村熟悉的邻居受伤后倒在地上。当时那位伤者神志非常清醒，告诉他是被一位开摩托车的青年撞倒的，那青年已驱车逃走了。这位好人二话没说，急忙送他上医院，帮助办理入院手续，然后通知伤者家属。谁知伤者家属赶到医院的时候，伤者已进入昏迷状态。医院立即进行开颅手术抢救病人。手术是成功了，但病人成了植物人，不再有意识。

手术结束的那天晚上，这位好人到伤者家中，想再三向家属说明事情的经过，谁知伤者的妻子拿了一把菜刀要杀他。他见事态不妙赶紧跑开，好不容易才逃过此劫。但要逃脱一场官司是不可能的了，他理所当然地被作为犯罪嫌疑人送进了公安机关，进入了司法程序。最后法庭认为他犯罪动机和证据不充分，便很快释放了。

尽管他是一个被判定无罪的人，但他还是生活在无比痛苦之中：伤者的家属每每见到他时，总投以仇恨的目光，使他与伤者那么多年的情感化为乌有；本来都很友好的邻里每每与其相遇，都像见了鬼神一样敬而远之；他自己从此也再没有快乐的时刻，似乎自己真的是一个罪人。

唯一能证明他是好人的只有一个，那就是伤者本人，但据医生说，这种植物人再要醒来几乎是不可能的，除非奇迹出现。没想到奇迹真的出现了，有一天伤者突然醒来了，而且与未受伤之前几乎没有两样，过去的记忆全部恢复了。

听到这个消息，好人异常兴奋，立即赶到了伤者的家中。经过5年多痛不欲生的折腾，他老了许多。见到面前熟悉而又陌生的邻居兼朋友，他的眼泪像断了线的珠子那样，说不出半句话来。伤者说："老弟，你是好人哪！"好人终于呼出了一句话："我等了5年多，就等你这句话呀！"

做人难，做好人更难。

应该说，每个人做人的初衷都是好的，都希望自己能成为人见人爱、人见人敬的好人，没有人希望自己一开始就成为坏人、恶人和千夫所指的罪人。但是，由于后天所受的教育和环境的影响，这种好的初衷却发生了变化。一部分人经不住庸陋世俗的熏染和"魔鬼"的诱惑，放松了思想警惕，将做人的原则和道义统统忘到爪哇国去了，于是与好人之道南辕北辙、越走越远。所以便有了贪污受贿、吃喝玩乐，有了坑蒙拐骗、唯利是图，有了偷鸡摸狗、男盗女娼……染上这些恶习而又执迷不悟，那就太危险了，久而久之，便如吸毒上瘾一样，无可救药。如此，一方面物欲横流，人心难满，另一方面又缺乏严格的他律和自律，做个好人能不难吗？

好人有颗好心，时常想着他人的疾苦，想着正义、公理和诚善，所以济人患难，所以见义勇为，所以为民请命。济人患难，好人倾囊相助而无吝惜之情；见义勇为，好人赴汤蹈火而无脱辞之意；为民请命，好人生死相许而无苟且之心。好人不奢求名利，只求有颗好心，为保全做人的节义，甚至可以置生死于度外。为了群众，为了集体，为了国家，好人可以舍弃一切，直至"虽九死其犹未悔"，然而，我们理解他们多少？不仅那些小人、恶人、坏人在与好人斗法，在侵犯好人的生存空间，而且那些明哲保身、猥琐卑怯和自私自利的市侩哲学和受这种哲学教化的世人也对好人冷若冰霜。实在是好事多磨、好人难做啊！

好人难做，难在他们要时时处处严格要求自己，难在他们要不断努力提高自己的心性；好人难做，难在小人、恶人、坏人的从中作祟，难在世间可悲的庸俗哲学。

好人难做，但贵在难做。在人类社会还未进入共产主义时期，如果做个好人易如拾芥，那么那人必定是个八面玲珑人人言好的"好好先生"，而不是真讲原则和道义的好人。正如"无限风光在险峰"一样，好人贵在难做啊！

好人难做，但不是说因为难我们就要放弃做个好人。我们的社会少不得好人。没有好人的社会，必定只有群魔乱舞的世象；没有好人的社会，那将是真正的人间地狱；没有好人的社会，地球将是一个垃圾场……好人越是难做，我们越应努力争做好人。越是好人难做，我们越应加强社会的民主和法制建设，切实保护好好人的合法权益；越应加强社会道德建设，把世间可悲可鄙的庸俗哲学埋进历史的坟茔！

当好人做了错事后

　　坏名声比好名声容易承担得多，后者是不能有偏差的沉重光环，你必须很努力，才能表现得好像名副其实。

　　有一位刚走入社会的年轻人问一位取得了很大成就的中年人，应该如何为人处世，并且问他是不是要做个好人。中年成功人士回答道，如果你要问我做不做好人，我不好马上表态，我只能给你一句话："好人难做！"接着，他讲了一个张三和李四的故事。

　　张三过去是大家公认的大好人。一句话，一辈子做好事，邻里没一个不称赞他的。但世事难料，张三不知有意还是无意，做了一件实在有违公理之事。于是乎，各种骂声纷至沓来。

　　"没想到呀，他原来是这样一个人，以前我算是瞎了眼，没看清他的真面目。真是知人知面不知心呀！"

　　"没错，以前他还装什么大善人，装着做好事，但本性难移，最终还是露出了狐狸尾巴！"

　　"真是个伪君子！"

　　可怜的张三，一招不慎，惹来了千古骂名！

　　李四就不同了，他现在是大家公认的好人。虽然过去大错没有，小错不断。但由于机缘巧合，无意中他做了一件好事，大家对他的看法就有了180度的转变。

"看见了吧，这人过去虽然有错，但本质还是好的！"

"人性本善，这话没错！"

按概率论，受夸奖的应该是张三，但现实呢？

我们总是给了好人太多的要求，不允许他们有半点的差池。就算做了一辈子好事，你也没法摆脱犯错后免于常人的攻击。大概是因为我们对好人有太多的期望，希望他们完美无缺，一旦犯错了，那就有违众意，非遭天打雷劈不可！这大概就是俗话所说的期望越高，失望越大的结果吧！但同时，对坏人，我们本来就没有太高的期望，如果他不做坏事，大家就阿弥陀佛了，如果他再做一件好事，那就更不用说了，甚至直接下定论——这人本质是好的！

心理学上有一个"0分法则"，也叫"烂瓜子效应"，如果你去一家餐厅吃饭，虽然那里的服务态度、菜品和氛围都非常棒，但你却在吃饭时发现菜里面有一颗烂瓜子，从此你便不会再次去那家餐厅了，这就是0分法则的体现。积极肯定的特质是社会所要求和人们所期待的，但消极否定的特质是社会所禁止和人们所厌恶的，因此容易被人们视为一个人所具有的可靠的真实特质；而消极否定特质是一种中心性特质，在知觉心理反应中，它十分容易成为知觉的对象，使人们清晰地得到知觉，所以我们都容易受到0分法则的影响。

由此可见，我们在日常的人际交往中，尽量不要给自己树立"完美形象"和"老好人人设"，不必给自己背负上过于沉重的道德枷锁，不必为自己偶尔犯下的过错感到内耗，你犯下的任何错都不必奢求全世界的原谅，自己问心无愧、能够及时补救最要紧。从另一个角度来看，我们也不要对一个人抱有超脱于人性的幻想。"我刚和他谈恋爱的时候他很完美的，现在怎么成这样了？""他年少时是个多仗义的朋友，现在怎么这么冷漠自私！"须知人无完人，没有人有义务一直优秀且善良，大家都有偶尔"开小差"的权利，用理性的欣赏代替吹毛求疵，我们的生活才会变得更加温暖从容。

不必怜惜狼一样的恶人

　　一个人应该真心实意地爱那些真诚对待自己的亲戚朋友，但是不应该怜惜狼一样的恶人。

　　行善就一定能有福报吗？不见得。我们帮助别人，也一定要看对象。不信？请看下面这个历史上非常有名的故事。

　　史载，晋国大夫赵简子率领众随从到中山去打猎，途中遇见一只像人一样直立的狼狂叫着挡住了去路。赵简子立即拉弓搭箭，只听得弦响狼嗥，飞箭射穿了狼的前腿。那只狼中箭受伤、落荒而逃，使赵简子非常恼怒。他驾起猎车穷追不舍，车马扬起的尘土遮天蔽日。

　　这时候，东郭先生正站在驮着一大袋书简的毛驴旁边向四处张望。原来，他前往中山国求官，走到这里迷了路。正当他面对岔路犹豫不决的时候，突然蹿出了一只狼。那只狼哀怜地对他说："现在我遇难了，请赶快把我藏进你的那条口袋吧！如果我能够活命，今后一定会报答您。"

　　东郭先生看着赵简子的人马卷起的尘烟越来越近，惶恐地说："我隐藏世卿追杀的狼，岂不是要触怒权贵？然而墨家兼爱的宗旨不容我见死不救，那么你就往口袋里躲吧！"说着他便拿出书简，腾空口袋，往袋中装狼。他既怕狼的脚爪踩着狼颌下的垂肉，又怕狼的身子压住了狼的尾巴，装来装去三次都没有成功。危急之下，狼蜷曲起身躯，把头低弯到尾巴上，恳求东郭先生先绑好四只脚再装。这一次很顺利。东郭先生把装狼的袋子扛到驴背上以后就退缩到路旁去了。不一会儿，赵简子来到东郭先生跟前，但却没有从他那里打听到狼的去向，因此，他愤怒地斩断了车辕，并威胁说："谁敢知情不报，下场就跟这车辕一样！"东郭先生葡匐在地上说："虽说我是个蠢人，但还认得狼。人常说岔道多了连驯服的羊也会走失，而这中山的岔道把我都搞迷了路，更何况一只不驯的狼呢？"赵简子听了这话，调转车头就走了。

当人唤马嘶的声音远去之后，狼在口袋里说："多谢先生救了我。请放我出来，受我一拜吧！"可是狼一出袋子就改口说："刚才亏你救我，使我大难不死。现在我饿得要死，你为什么不把你的身躯送给我吃，将我救到底呢？"说着它就张牙舞爪地向东郭先生扑去。东郭先生慌忙躲闪，围着毛驴兜圈子与狼周旋起来。

太阳快下山的时候，东郭先生怕天黑遇到狼群，于是对狼说："我们还是按民间的规矩办吧！我们请一位路人定夺，如果他说你应该吃我，我就让你吃。"狼高兴地答应了。

就在这时来了一位挂着藜杖的老人。东郭先生急忙请老人主持公道。老人听了事情的经过，叹息地用藜杖敲着狼说："你不是知道虎狼也讲父子之情吗？为什么还背叛对你有恩德的人呢？"狼狡辩道："他用绳子捆绑我的手脚，用诗书压住我的身躯，分明是想把我闷死在不透气的口袋里，我为什么不能吃掉这种人呢？"老人说："你们各说各有理，我难以裁决。俗话说'眼见为实'。如果你能让东郭先生再把你往口袋里装一次，我就可以依据他谋害你的事实为你作证，这样你岂

适度

不就有了吃他的充分理由？"狼高兴地听从了老人的劝说，然而它却没有想到在束手就缚、落入袋中之后，等待它的是老人和东郭先生的利剑。

东郭先生把"兼爱"施于恶狼身上，因而险遭厄运。这一寓言告诉我们，即使在人与人的关系中，也存在"东郭先生式"的问题。一个人应该真心实意地爱那些真诚对待自己的亲戚朋友们，但是，我们丝毫不应该怜惜狼一样的恶人。

你就是太好欺负了

　　"善"是友善而不是懦弱，是在别人需要帮助的时候自己量力而为，而不是盲目地全力帮忙。

　　在我国古代谚语中，有这样一句名言：人善被人欺，马善被人骑。乍看到这句话，有些人会不理解，因为从小到大，师长们不是都告诫我们要乐善好施，多给予、少索取吗？

　　先让我们看一则寓言：

　　有个青年人继承了一笔巨额财产，善良的他想帮一下那些需要帮助的人，于是他宣称：凡是经过他窗口的人都会得到五个金币。第二天，有个乞丐经过他的窗口，他果然给了乞丐五个金币，那个乞丐感激涕零。之后每天都有很多人来到他的窗口，他都如诺给他们金币，半年后，他的钱少了一半，他寻思为了帮助更多的人更长的时间，于是改为给他们三个金币，知道这个消息后，很多人便怨声载道。不到半年后，他所有的钱都发完了。但是最后他得到的不是别人的感激，而是被人以骗子的名义拿石头砸死了。

　　为什么这位青年人做了如此多的善事，却被人打死了呢？
　　难道真的是"人善被人欺"吗？我们不妨来探讨一下这个问题。

趋利避害是人的本性，从这个意义上说，欺软怕硬也自然是人的本性。善人对应的是恶人，而恶人是人们需要躲避的，所以没人可以欺负恶人，也就只能欺负善人了。所以"人善被人欺"的原因是"欺人者只敢欺善人"。

"人善被人欺"不一定对，关键是对善的理解要透彻。我个人认为，"善"是友善而不是懦弱，是在别人需要帮助的时候自己量力而为，而不是盲目地全力帮忙。要知道伤害在生活中是很常见的事，即使是很强悍的人，也有被人伤害的时候。

我们虽然善良，但是也要做到有原则，这样是对我们自己的保护，也是对别人的负责，这些原则包括：

交朋友原则。自私自利的人不交往，大嘴巴的人不交往，没有共同语言的人不交往，看不惯的也不交往，不懂得珍惜的人不交往，没有人性的人更不交往。

帮助他人的原则。自己要有能力帮；自己要有时间帮；自己要愿意帮；帮了别人，如果这个人一点感谢的意思都没有，下次绝对不帮，因为不值得。要知道我们在帮助别人的时候也是付出时间、精力，甚至是金钱的。

人是要区别对待的。朋友也有疏密之别。这点很重要，一面之缘的人可以称你为朋友，十几年的也是朋友，但是对待他们一定不能一样，要不你这个朋友就白交了。

当别人侵犯你的时候，要懂得怎么反击，而且要痛快地反击，这个时候友情是不需要顾虑的。你反击得越厉害，别人就越知道对你的伤害有多深，下次也不敢乱来了，也只有这样你才能有自己的尊严。如果每次别人侵犯你，你都没有反应，别人以后就会肆意地践踏你的尊严，到时候想翻身都难了。

　　好人难做，难在要时时处处严格要求自己，难在要不断努力提高自己的心性；好人难做，难在小人、恶人、坏人的从中作祟，难在世间可悲的庸俗哲学。

行善的尺度

我们在帮助别人时，必须把握好适度的原则，如果给得太多，就会越帮越忙。

有一句话说：一升米养一个恩人，一斗米养一个仇人。这则俗谚的意思是，接济人的时候，常有为数虽少却得到感谢而为数虽多却遭到不满的情况。这类情况，在人和人之间、家庭和家庭之间、单位和单位之间、地区和地区之间、国和国之间，都可以见到。

有个人养了一只狗、一只猫当宠物，每当他喂小狗的时候，小狗心里就想："主人这样爱护我，从来没有要我回报，这么一个大慈大悲的人，难道他是一个神明吗？"可是当他喂小猫的时候，小猫心里也在想："这个人每天都给我美味的食物，对我百般殷勤，难道我是神明吗？"

同样的对待，猫和狗的想法却有这么大的悬殊，可见，世上的是非、善恶、好坏，也都在于个别的想法，很难制定出一个绝对的标准。所谓一样米养百种人，诚不虚也。

本来做好事、行善德无可厚非，而且应该为世人所倡导，为社会所颂扬，使之形成一种良好的精神氛围，愉悦人的心灵，净化社会污垢。然而，不知从何时起，这种原本纯粹而美好的善良却逐渐被蒙上了一层厚厚的面纱。人们开始变得小心翼翼，面对他人的求助瞻前顾后，不敢轻易施以援手。这种变化的背后，有着复杂而深刻的原因。

一部分人曾经亲身经历过在行善过程中遭遇误解，甚至被反咬一口的痛苦经历。他们的好意被当作别有用心，他们的善行被当作是"作秀"，甚至在一些极端的情况下，他们还可能遭受不必要的麻烦和损失。这种经历让他们心寒，让他们在面对需要帮助的人时，犹豫不决，不敢轻易伸出援手。我们的父母教育我们做人要善良，我们也曾把善良当成做人的起码准则来影响我们的孩子。然而，当今的社会，有些卑劣的人正在利用我们的善良。因此，我们要记住，对小人仁慈就是虚伪。另一部分人虽然没有亲身经历过，但他们通过身边人的讲述，或者从各种渠道看到、听说过类似的事情，媒体也经常报道一些积极行善却没得到好报的事件。这些故事在他们心中种下了怀疑的种子，让他们对行善的结果产生了担忧。他们害怕自己的善意被利用，害怕自己的付出得不到应有的回报，甚至可能招致无端的指责和攻击。这种恐惧和担忧如同阴影一般，笼罩在他们的心头，让他们不敢轻易地将善良展现出来。

大家知道，自私是不可取的，无私是应该积极提倡的。但是，无私是要有尺度的，无私是要分对象的，人有时候也要为自己着想，如果你处处无私，都替别人着想，那么你会生活得很累，你几乎穷于应付需要你无私奉献的人和事，结果不但身体可能累垮，也会因某一方面没有照顾好，别人反而认为你是自私的。所以，有时候多为自己考虑一点，是为了把自己武装得更好，为自己精神上更充实、物质上更强大，积蓄更多的能力和能量去做事，然后你才能做无私的事。

善良的根源是你有一颗爱心，对于弱者有同情心。但有很多人在从善的同时忽略了一个客观现象：可怜之人必有可恨之处，善良要有尺度，过度的善良是对初始罪恶的迁就。

当你明白了以上道理的时候，你就要在实施从善的行为时对自己的行为进行审视。先想想：一是自己所处的环境，在这个环境中自己的位置；二是实行善行后对自己的客观影响及对与自己相关的人或事物的促进作用和积极意义；三是自己的承受能力，不用想得太高太远，就这么简单。

距离产生威严

　　有时候太照顾下属的情绪会打破职场的平衡，想塑造管理者的气场，你不需要那么好说话。

　　对于管理者，尤其是被夹在下属和高层之间的卑微中层来说，再伟大的人也是凡人，都有平庸琐碎的一面，要让人对你保持敬畏，最稳妥的办法就是只让人看到应该看到的。所以老板绝不会和下属真正打成一片，上级也不会和下级整天称兄道弟。规矩一旦破坏了，局面就难以收拾。

　　一个下属，如果你偶尔给他一次赞许，这是对他莫大的鼓励，但如果你每天没有距离地和他混在一起，成了无话不谈的酒肉朋友，他心里就会把你看低了。你以为你们热切地推心置腹，两个人有了惺惺相惜之感才能更好开展工作，实际上却是对方自以为能借和你的热络为他大开方便之门，要么背着你做些狐假虎威的小动作，要么对你的要求嗤之以鼻，不再听你指挥。

　　太过亲近，就有了人情，你欠我的，我欠你的，纠缠不清。于是你来我往之下，就淡漠了"你我"的概念，对于普通的私人关系来说，尚是可以调理的范围，但对于上下级关系来说，可是管理崩溃的前兆。不仅敬畏感消失，对方还可能因自认为付出没有得到对等的回报而心怀怨怼。上下级之间，偶尔的亲近令人感动，但过多

的亲近则会失去层级之间的威严感，不分彼此地称兄道弟，只会让管理者的姿态步步走低。仰视一旦变成平视，很快就会变为俯视，再下一步就是蔑视和藐视了。

下属一旦成为老板的哥们儿，情况也是一样危险。吃人家的嘴软，拿人家的手短，之后老板的每一个"情怀大饼"恐怕都得硬着头皮接下，得不偿失。

第七章

轻重之度
——善分主次抓重点

　　每天，我们都会遇到许多事情，只是我们不可能把每件事情都处理完美，原因是时间非常有限。因此，我们只能去做一些重要的事务，排除次要事务。我们有必要懂得在急迫与重要之间做出取舍。我们要想活得从容，工作轻松，就有必要掌握事务的轻重缓急之度。换言之，我们要学会管理自己的时间。而时间管理的精髓就在于：分清轻重缓急，设定优先顺序。聪明的人都是以分清主次来统筹时间，并把时间用在最有回报的地方。

　　还有，生活中处处充满了诱惑，面对纷繁的诱惑，我们有必要控制自己不合理的欲望，分清轻重，放弃非分之想。

分清事务的轻重缓急

世上最没有效率的人，就是那些以最高的效率做最没用的事的人。

教授在给即将毕业的MBA班的学生上最后一堂课。令学生们不解的是，讲台上放着一个大铁桶，旁边还有一堆拳头大小的石块。

"我能教给你们的都教了，今天我们只做一个小小的实验。"教授把石块一一放进铁桶里。当铁桶里再也装不下一块石头时，教授停了下来问大家："现在铁桶里是不是再也装不下什么东西了？""是。"学生们回答。"真的吗？"教授又问。随后，他不紧不慢地从桌子底下拿出了一小桶碎石。他抓起一把碎石，放在已装满石块的铁桶表面，然后慢慢摇晃，然后又抓起一把碎石……不一会儿，这一小桶碎石全装进了铁桶里。

"现在铁桶里是不是再也装不下什么东西了？"教授又问。"还……可以吧。"有了上一次的经验，学生们开始变得谨慎了，事实上，他们并不能确信是不是还可以装下一些东西。

"没错！"教授一边说，一边从桌子底下拿出一小桶细沙，倒在铁桶的表面。教授慢慢地摇晃铁桶，大约半分钟后，铁桶的表面就看不到细沙了。

"现在铁桶装满了吗？""还……没有。"学生们虽然这样回答，但心里其实已经没底了。"没错！"教授看起来很兴奋。这一次，他从桌子底下拿出来一罐水。他慢慢地把水往铁桶里倒。

水罐里的水倒完了，教授抬起头来，微笑着问："这个小实验说明了什么？"

一个学生马上站起来说："它说明，你的日程表排得再满，你都能挤出时间做更多的事。"

"有点道理，但你还是没有说到点子上，"教授顿了顿，说，"它告诉我们，如果你不是首先把石块装进铁桶里，那么你就再也没有机会把石块装进铁桶里了，因为铁桶里早已装满了碎石、沙子和水。而当你先把石块装进去，铁桶里会有很多你意想不到的空间来装剩下的东西。所以，在以后的职业生涯中，你们必须分清楚什么是石块，什么是碎石、沙子和水，并且要总是把石块放在第一位。"

教授的这个小小的实验和以上一番话对你来说，是不是也将受益终身呢？

在《高效能人士的七个习惯》中，作者以"重要"为横向坐标，以"紧迫"为纵向坐标，建立了一个坐标系，用来量度管理者面对的各种事务。

在低绩效或失败的管理者中，不少人最易犯的错误是把"重要的事"与"紧迫的事"混为一谈，把战略与战术、"做正确的事"与"正确地做事"混为一谈。这令人想起管理大师彼得·德鲁克说过的话："最没有效率的人，就是那些以最高的效率做最没用的事的人。"

在分清楚"重要的事"与"紧迫的事"之后，如何"把第一位的事放在第一位"（Put the First on First）就是最重要的了。这个坐标系分别由四个象限组成：重要且紧迫、不重要而紧迫、不重要且不紧迫、重要而不紧迫。

最好的管理者总是把目光聚集在第一象限（重要而紧迫），最差的管理者常常做不重要也最不紧迫的事（第三象限）。总是做重要且紧迫的事的人，常常有很多的剩余时间。做完"正事"之后，他们还有相当多的时间去做"重要而不紧迫""不重要且紧迫"甚至"不重要且不紧迫"的事（不论在办公室之内还是之外），就像装石块的铁桶里有意想不到的剩余空间来装碎石、沙子和水。

对于你生活和工作的这只桶，你又将如何往里装你的石头、沙子和水呢？

"简单"才能"减担"

很多人都喜欢把事情复杂化，但往往又会被复杂搞得焦头烂额。殊不知，正是因为"简单"，我们才能在通往目的地的路上"减担"。

如果不是精明的导演用其远见卓识删去了戏剧中的琐碎情节，那么，一出戏剧就难以让观众感到它的精妙绝伦。如果不是睿智的园丁用花钳剪去枝头上沉重的繁叶累丫，植株如何能在以后的岁月里，轻松地绽放花朵、收获果实……

有位成功的企业家曾讲过这样一段话："让外表简单一点，内涵就会更丰富一点；让需求简单一点，心灵就会更丰富一点；让流程简单一点，质感就会更丰富一点；让效率简单一点，成果就会更丰富一点；让言语简单一点，沟通就会更丰富一点；让挫折简单一点，经验就会更丰富一点；让环境简单一点，空间就会更丰富一点；让爱情简单一点，幸福就会更丰富一点。"

很多时候，简单就是丰富。简单是国画大师的留白艺术，不立片言、不着点墨、一方空白的宣纸的衬托，却能留给欣赏者充分的想象的再创造余地。这也就是道家所倡导的"以不争而达到无所不争，以无为而达到无所不为"。

很多时候，简单才能"减担"！

适度

　　简单是智者的洒脱与细致，而不是懒人的固执与拖沓。一位涉世之初的年轻人为生计拼搏得十分辛苦，但却屡次碰壁、无法释然。一天，他路遇一位智者，便恳切地要求智者赐他解脱之计。智者不语，写下一句话，大笑而去——把复杂的问题简单化。年轻人依照此法待人接物、做人处事，果然奏效，于是，他幸福地度过了余生。

　　是啊，难得简单。很多人都喜欢把事情复杂起来，但又往往会被复杂搞得焦头烂额。殊不知，正是因为"简单"，我们才能在通往目的地的路上"减担"。

　　志向简单，我们便不会被过多的目标迷乱了清明的双眼。俗谚有云："无志之人常立志，有志之人立长志。"一个真正胸怀远大的人，人生的目标一旦确定，志向的劲弓一旦拉满，定会像义无反顾的箭矢一样，向着确定的靶心迅速飞去，而不会因任何纷纷扰扰耽搁了生命中精彩的"十环"。

　　欲望简单，我们便不会被炽烈的欲火焚烧了生命的庄园。俗语曰："欲望如海水，越喝越渴。"一个人在一生当中，一旦与无节制的欲望牵了手，就会完全受"欲望"摆布。如果拥有一颗寡欲的心，我们的生命自然就会清静如一潭碧水，波澜不惊；拥有一颗寡欲的心灵，我们的人生自然就会轻松如一缕轻风，去留无意。让欲望简单，莫让沉重的欲望之石压弯了你正直的脊梁。

　　心绪简单，我们便不会被繁芜的小事拖垮身心。人生之路并不是一条平坦的康庄大道，一个人在步入生命幽谷的过程中，难免会被重重艰险与挫折羁绊了前行的脚步，使原本豪情满怀的人生之旅变得怨声载道。但是，让心绪简单，心便如无缰之马、不系之舟，心中始终装着生命幽谷的终点，激流勇进，而不会在意坎坷航程里的磕磕绊绊。

情谊简单，我们便不会被纷纭的世态削减了心灵的真挚。

不简单的旅人总是带着大大小小的包袱上路，沉重的负荷使他既不能享受到沿途的花香满径，也不能欣赏到沿途的鸟语风声，徒增许多疲惫与烦恼，甚至导致自己心力交瘁。如若这样，我们的人生之旅怎能轻松地步入辉煌的殿堂？

简单即"减担"，复杂即"袱杂"，一个真正智慧的人，一定是懂得在人生之旅的起点就对"包袱"有所抉择，又懂得在途中对这些"包袱"有所放弃的人。只有这样，我们才能让简单给心灵松绑；只有这样，我们才能让生命的自由诗挥洒歌唱。

手表定律的启示

对于任何一件事情，不能同时设置两个不同的目标，否则将使人无所适从；一个人不能同时选择两种不同的价值观，否则，他的行为将陷于混乱。

先看一个小故事：

森林里生活着一群猴子，每当太阳升起的时候它们外出觅食，太阳落山的时候回去休息，日子过得平淡而幸福。一名游客穿越森林，把手表落在了树下的岩石上，被猴子猛拾到了。聪明的猛很快就搞清了手表的用途，于是，猛成了整个猴群的明星，每只猴子都向猛请教确切的时间，整个猴群的作息时间也由猛来规划。猛逐渐树立起威望，当上了猴王。

做了猴王的猛认为是手表给自己带来了好运，于是它每天在森林里巡查，希望能够拾到更多的表。

功夫不负有心"猴"，猛又拥有了第二块表、第三块表。但从此猛却有了新的麻烦：每块表的时间指示都不尽相同，哪一个才是准确的时间呢？猛被这个问题难住了。

当有下属来问时间时，猛支支吾吾地回答不上来，整个猴群的作息时间也因此变得混乱。过了一段时间，猴子们起来造反，把猛赶下了猴王的宝座，猛的收藏品也被新任猴王据为己有。但很快，新任猴

116

王同样面临着猛的困惑。

这则寓言为我们引出了管理学上一个非常著名的定律——手表定律。

手表定律的内容是："只有一块手表，可以知道时间；拥有两块或者两块以上的手表，并不能告诉一个人更准确的时间，反而会让看表的人失去对准确时间的信心。"

手表定律带给我们一种非常直观的启发：对于任何一件事情，不能同时设置两个不同的目标，否则将使人无所适从；一个人不能同时选择两种不同的价值观，否则，他的行为将陷于混乱。一个人不能由两个以上的人来指挥，否则将使这个人无所适从；对于一个企业，更是不能同时采用两种不同的管理方法，否则将使这个企业无法发展。

美国在线与时代华纳的合并就是一个典型的失败案例。

美国在线是一家年轻的互联网公司，企业文化强调操作灵活、决策迅速，要求一切为快速抢占市场的目标服务。时代华纳在长期的发展过程中建立起强调诚信之道和创新精神的企业文化。两家企业合并后，企业高级管理层并没有很好地解决两种价值标准的冲突，导致员工搞不清企业未来的发展方向。最终，时代华纳与美国在线的世纪联姻以失败而告终。

对于企业，大到价值标准、市场定位，小到评价体系、管理方法，都切忌在多重体系之间摇摆不定。要搞清楚时间，一块走时准确的表就已足够。

宁要　样精，不要样样沾

　　一个人的精力有限、时间有限，能精一样就不简单，贪多务得，必然是消耗多、成就少，事倍功半，成为稀松平常的万金油。

　　鼯鼠是一种能飞不能上屋，能爬不能上树，能游不能过涧，能挖洞不能掩身，能走不能快于人的小动物，所以说鼯鼠五技而穷。鼯鼠的悲剧启示人们：宁要一样精，不要百事通。

　　圣人孔子曾说："夔一足。"有人理解为孔子说夔只有一只脚。其实孔子的意思是说：夔有一技之长，足够了。夔的一技之长是什么呢？就是精通音乐。

　　一个人若有一技之长就足以托身。如果技艺很多，却没有一样突出的、拿得出手的东西，就难以摆脱困境、窘境，更难脱颖而出。

　　正如胡适所说："广泛博览，而一无所长的人，其实也是一种废物。"一个人能力再大、天资再高，也不可能做到事事都通、样样都精，不可能成为每个方面的专家。因此，一个人应当选定一样技能，全力以赴。一个医生如果内科、外科、小儿科、妇产科、骨科、皮肤科、耳鼻喉科都能开药方，其样样都行，又样样不精，其医疗效果可能就不甚佳。一个演员，如果生旦净末丑样样都能扮演，但是没有一角叫好，这也不能算好演员。一个从事研究工作的人，如果

118

既搞哲学，又搞经济学，还搞文史，想做全领域一把捞的通才，那就可能事与愿违，样样都只有半桶水。

物以稀为贵，艺以精吃香。人在学习知识、练习技能的时候，要选准自己的目标，集中精力，百折不挠，锲而不舍，一直向高峰攀登；要有不站到制高点决不罢休的毅力，"无限风光在险峰"。着重在一个方面掌握特技、特能、特功，这必须是别人没有的东西，或人有我精，别人难以达到或极少有人达到的境界，能做到这点就能成为一个受人仰慕、成就卓著的专门人才。

切忌东逛逛，西看看，样样通，样样松。但应懂得精专也要有其他学科和技艺做铺垫。选定一门，也必须懂得多门，须做到博中求精，多学而求专一。知识学问的门路很宽广，但彼此有牵连，世上没有一门绝对孤立的知识学问，即使是科学与文艺，也绝非有别于天壤。若是知识面太窄，借鉴就不多，思路就不广，触一而不能通三。

一个人如果对他专攻主业的相关知识、学问未曾问津，愈往前进就愈困难，最后往往难以寻找到出路。不能通就不能专，不能博就不能约，先博学而后约取，这样才可能有所成就。如果一个人专攻一技一艺，只知一样，除此之外，一无所知，必然难以取得重大的突出成就。

宋代大儒程颢说："须是大其心使开阔，譬如为九层之台，须大做脚始得。"胡适说："为学要如金字塔，要能广大方能高。"多方面的知识，是专业知识必需的基础，会有助于专业水平的提高。但要防多防杂，贪多嚼不烂。

成功者的时间观念

一生的命运如何、成就大小，很大程度上取决于时间如何利用。

法国思想家伏尔泰曾出过一个意味深长的谜语："世界上哪样东西最长又是最短的，最快又是最慢的，最能分割又是最广大的，最不受重视又是最值得惋惜的；没有它，什么事情都做不成；它使一切渺小的东西归于消灭，使一切伟大的东西生命不绝。"这是什么？众说纷纭，琢磨不透。

一位智者猜中了。他说：最长的莫过于时间，因为它永远无穷无尽；最短的也莫过于时间，因为它使许多人的计划都来不及完成；对于在等待的人，时间最慢；对于在作乐的人，时间最快；它可以无穷无尽地扩展，也可以无限地分割；当时谁都不加重视，过后谁都表示惋惜；没有时间，什么事情都做不成；时间可以将一切不值得后世纪念的人和事从人们的心中抹去，时间能让所有不平凡的人和事永垂青史！

时间到底是什么呢？时间对于不同的人有不同的意义。对于活着的人来说，时间是生命；对于从事经济工作的人来说，时间是金钱；对于做学问的人来说，时间是资本；对于学生尤其是中学生来说，时间是财富，是资本，是命运，是千金难买的无价之宝。

如果你有 3 万元钱，丢掉了 300 元，你会很心疼；然而，你在无聊中浪费了 300 天，却可能压根儿没往心里去。你可曾想过，前者是财富的 1%，而后者是生命的 1%。如果没有认识到这一点，那就太遗憾了！按 82 岁的寿命计算，人的一生将近 3 万天。去掉童年、暮年、生病、吃饭、睡觉的时间，真正能用于工作、学习的时间就更少了。时间观念就是对时间的态度，成功的人都善于掌握时间管理法则，能够合理地花费自己的时间。

若要妥善地利用好自己的时间，应该掌握以下这些原则：

80/20 原则。人们应该把精力用在最见成效的地方，即所谓"好钢用在刀刃上"。美国企业家威廉·摩尔在为格利登公司销售油漆时，头一个月仅挣了 160 美元。他仔细分析了自己的销售图表，发现 80% 的收益来自 20% 的客户，于是，他把精力集中到那些最有希望的客户上。不久，他一个月就赚到了 1000 美元。摩尔从未放弃这一原则，这使他最终成为凯利–摩尔油漆公司的主席。

保持焦点。居里说："使自己像一个嗡嗡地响着的陀螺一样急速地旋转，使外物不能侵入。"一次只做一件事情，一个时期只有一个重点。聪明人要学会集中精力抓住重点，远离琐碎。

现在就做。许多人习惯于"等候好情绪"，即花费很多时间以"进入状态"，却不知状态是干出来而非等出来的。请记住，栽一棵树的最好的时间是 20 年前，第二个最好的时间是现在。

学会说"不"。一个人只有学会说"不"，他才会得到真正的自由。不要被无聊的人缠住，也不要在不必要的地方逗留太久。要学会限制时间，不仅是给自己，也是给别人。避开高峰期，避免在高峰期乘车、购物、进餐，可以节省许多时间。

成本观念。在生活中，有许多属于"一分钱智慧几小时愚蠢"的事例，如为省两元钱而排半个小时队，为省两毛钱而步行3站地，等等，都是极不划算的。对待时间，就要像对待金钱一样，时刻要有一个"成本"的观念，要算好账。

　　提前休息。在疲劳之前休息片刻，既避免了因过度疲劳导致的超时休息，又可使自己始终保持较好的"竞技状态"，从而大大提高工作效率。

　　积极休闲。不同的休闲方式会带来不同的结果。积极的休闲有利于身心的放松、精神的陶冶和人际的交流。

　　巧用电话。要尽量通过电话进行交流，沟通情况，交换信息。打电话前要有所准备，通话时要直奔主题，不要在电话里说些无关紧要的废话或传达无关主题的信息与感受。

　　精选朋友。多而无益的朋友是有害的，他们不仅浪费你的时间、精力、金钱，也会浪费你的感情，甚至有的"朋友"还会危及你的事业。

　　避免争论。无谓的争论，不仅影响情绪和人际关系，而且还会浪费大量时间，到头来还往往解决不了什么问题。说得越多，做得越少，聪明人在别人喋喋不休或面红耳赤的时候往往已走出了很远的距离。

　　善于搁置。不要固执于解决不了的问题，可以把问题记下来，让潜意识和时间去解决它们。这就有点像踢足球，左路打不开，可以试试右路，总之，尽量不要"钻牛角尖"。

　　集腋成裘。达尔文说："我从来不认为半个小时是微不足道的一段时间。"生活中有许多零碎的时间很不为人注意，其实这些时间虽短，但却可以充分利用起来做一些事情。比如等车的时间可以用来思考下一步的工作，也可以翻翻报纸乃至记几个单词。

古诗有云："少年易老学难成，一寸光阴不可轻。未觉池塘春草梦，阶前梧叶已秋声。"一生的命运如何、成就大小，很大程度上取决于这段时间如何利用。因此，你如果想在有生之年学有所成，就应该珍惜并科学地花费每一天时间。

创造性地使用时间

伟大的、留下大业绩的人，是世上成功创造时间的人。看来，想要成就事业，问题并不在于有多少时间，重要的是如何更好地利用现有的时间。

"一天 24 小时，时光平等地赋予每一个人。"

这个命题已成为时间管理理论的公理。但事实不然，一些大政治家、画家或音乐巨匠、文豪、学者，像罗马的恺撒大帝、日本的空海和尚、意大利的达·芬奇、德国的莱布尼茨、德国的歌德，以及现代那些分秒必争的铁腕经营者，他们在一天 24 小时当中，经手完成的工作量，无论在质或量方面，都是超出一般人想象的。而同样拥有一天 24 小时的其他人，却不留下任何痕迹。

同样的一天 24 小时，有的人只是煎熬地消磨了时光，有的人却让自己一时的作品被赋予了长久的生命和荣耀。

例如莫扎特只活了 35 岁，但在他短短的一生中作了 600 首以上旷世之作遗留于世。而其他活了 70 年、80 年的凡庸音乐家却比比皆是。以实际使用的时间来看，莫扎特的一天 24 小时，他的每一分、每一秒比起其他凡庸的音乐家，可说是更长。这个时候二者所拥有的时间是无法相提并论的。

歌德通过诗、戏剧、小说等文学形式，产生了很多伟大的作品。

在他 27 岁被任命为瓦马尔参议员以来，在政界里也相当活跃，做出了很多业绩，并于 1815 年被任命为国务大臣。除此之外，他也绘画，还从事解剖学、地质学、矿物学、植物学、光学等自然科学的研究，在许多方面都有卓越的贡献。他在小说方面有《少年维特的烦恼》《威鲁希勒姆：管理者的明星生涯》；戏曲方面有《浮士德》《塔利斯的伊菲可利亚》《大可夫塔》；此外还有自传、论文作品如《诗与真实》《色彩论》等著作。

达·芬奇留下的作品数量虽然不多，但是其艺术成就却众所皆知。此外，他不只是一位艺术家，他对于天文学、物理学、地理学、建筑学、兵器制作、机械学、植物学也有相当深的研究，把文艺复兴的理想（万能的人）几乎完全实现。他的绘画名作，如《蒙娜丽莎的微笑》、《圣母子与圣安娜》、《最后的晚餐》（壁画），都是脍炙人口的作品；著述方面有《绘画论》；科学方面的解剖学、空气力学的研究成果对后来降落伞、直升机的发明有启发性的成就。因此，显而易见的是：伟大的人、留下大业绩的人，是世上成功创造时间的人。看来，想要成就事业，问题并不在于有多少时间，重要的是如何更好地利用现有的时间。

因此，我们很有必要真正找到时间的感觉和创造性地使用时间的能力。

然而，令人感到吃惊的是，往往是那些拥有最多时间的人最喜欢抱怨说没有时间。他们不仅没有系统地利用手中掌握的时间，反而使自己处于时间压力的紧张与不安之中，效率越来越低。丢三落四、神经质的人很容易被分散注意力，他们一般都得枉费很多精力才能够达到目标。

适度

完成巨大的任务就意味着要有目的性地投入能量和集中精力。如果我们认为时间很宝贵，那么我们就应该像对待一件奢侈品一样去珍惜它。倘若我们很少能够喝到香槟酒，那么比起那些每天都喝香槟酒的人来说，我们会更加投入地去品尝它。

还有一些人多年以来都在抱怨时间太少，谁知他们突然就有了很多的时间，原来他们正处于热恋之中。他们很惊奇地发现，要想抽出几个小时去吃一顿浪漫的烛光晚餐并不太难，甚至连那些一直由于时间原因一拖再拖的美好假期也可以付诸行动了。正在谈恋爱的人能够在一段较短的工作时间内完成更大的工作量。对于那些重要的事情，我们总能够找出时间。爱情是让人兴奋的事情，谁要是爱上了一个人，就会为之兴奋。同样，谁要是热爱工作，就会充满热情地投入工作，兴奋能使人释放出能量和创造力。因此，"我没有时间"这句话其实常常就意味着"我没有兴趣"。

当你有了时间时，你才会有成功的可能。没有时间，没有有别于那些一般人的时间，你又谈何与众不同，缔造不凡呢？

第八章

守变之度
——变与不变看趋势

　　该坚持时一定要咬紧牙关坚持到底，该放弃、该变通时就毫不犹豫地改变。坚持原则和灵活变通从来都不是你死我活的关系。我们是该坚守还是转变，还是得靠我们学会把握一个"度"字。该坚持的，我们要坚决坚持，如诚信、勇气、谦虚、自律、积极、乐观等。该改变的，我们绝不留恋，如错误、消极、放纵等。

　　"将在外，君命有所不受"就是一种变通之度，宁死不屈是最有骨气的坚持。有时候，我们需要灵活调度、与时俱进；有时候，我们又需要持之以恒，坚持现在的方向。

天下武功，唯变不破

尽管前辈师长们都教导我们无规矩不成方圆，但是，一味地拘泥于原则，一味地不合时宜，也许也会伤害我们。遵守规矩的同时也要灵活变通。

很多功成名就者都会告诉我们：坚持就是胜利。我们也一再提倡这种执着精神。然而，能够给我们带来胜利的坚持，是一种对正确方向的坚持，对正确做法的坚持。

执着，固然是一种可贵的品质，但是如果将执着的对象搞错了，执着就等于顽固加愚蠢，就等于可笑加可悲。

有一群猴子在树间嬉戏，忽然，它们发现在一棵大树的顶端挂着一枚果子，那枚果子又大又红，看上去好吃极了。

然而，那枚果子的位置太高太危险了，猴子不敢上去，只好在树下面等，等那枚果子自己掉下来。

等啊等啊，那枚果子就是不掉下来，许多猴子不再等了，一个接着一个走了，最后，只剩下一只猴子了。这只猴子毅然决然地说："我一定要等到那枚果子掉下来！"就这样，这只猴子从夏天等到了秋天。

秋末，那枚果子终于掉了下来，然而长久的风吹日晒导致水分流失，果子因为过度成熟而变小、变暗了，着地时，还当即摔成了烂泥。这只猴子一见此景，哭了个昏天黑地。

就在这只猴子等果子时，其他猴子却另寻他路，从另外的树上摘到了大量的果子，这些果子不仅又大又红，而且新鲜甘甜、汁水丰沛，它们开开心心地吃了个痛快。

读到这里，也许有人会觉得这只猴子真的很愚蠢，就为了这么一枚果子，错过了那么多的摘果的机会，可回头一想，生活中这种人只多不少。假如我们把这枚果实看作是一个机会，那么这个等"果"的人就放弃了大量的更好的"果子"，不是吗？如果还不明白，那我再举个例子：找工作。有些人非常看好一种职业，十分想从事这门职业，一心一意地投入，总等着这个机会的来临，却错失了更好的机会，到最后，却落了个空，一事无成；相反，有些人却会利用起身边的机会，哪怕是和自己的目标完全没有关系的机会，他也会利用，也不错过。他通过一些小机会先去小规模的公司去上班，慢慢地，他就一面利用机会，一面等待机会，最后得到了意想不到的收获。

在对事物的追求上，我们应要学会该变通时就变通，那么，对于原则呢？

有一座寺院建在名山上，名山是远近闻名的旅游胜地。盛夏的一个午后，老方丈再次手托健身球带着两个小徒弟去寺外散步，忽见一女青年从不远的草地上飞奔而来，嘴里还喊着救命啊，救命啊！正在师徒三人感到意外之际，拼命奔跑的女子已经来到师徒三人的跟前。这时两个徒弟都惊得目瞪口呆——女子的身后居然有一条被当地人称为"草上飞"的毒蛇正紧追不舍。

只有老方丈处变不惊,他连忙招呼那女子:"快转弯,快转弯,转弯就能甩开它!"那女子听到方丈的呼声,真的想转弯,可是由于惊慌失措,在转弯的瞬间居然摔倒了,近在咫尺的毒蛇眼看就要咬住她,她吓得脸色发白,惊叫连天。

说时迟,那时快,老方丈未加思索,就把手中的一只健身球猛力甩了出去,不偏不倚正好击中毒蛇的头部。女子得救了,"草上飞"则一命呜呼。

在回寺院的路上,两个徒弟问方丈,在此情况下为了救生而杀生,算不算是犯戒。老方丈说:这是要看救什么和杀什么,救人危难、扶助众生,这是佛家的本分;行侠仗义、铲除邪恶,这是另一种超度。

无论什么清规戒律都要灵活运用,都有个辩证法则,一味地生搬硬套,不仅会犯墨守成规的错误,还会混淆是非标准,甚至还会泯灭应有的良知。

因此,我们才会说,在这个社会,往往是最先适应社会并且能够顺应社会发展趋势的人,获得了卓越的成就;而那些总是顾忌着此清规那戒律,却不知道哪些该变通哪些该坚守的人,则在一次又一次地丧失机会后,终日郁郁寡欢。

生存如同登山,经验丰富的人,能披荆斩棘,勇往直前,往往会到达光辉的顶点;缺乏锻炼的人,不是因为迷失方向而功败垂成,就是因为体质太差而被淘汰。我们生存的地球之所以如此热闹,是因为它有适合生物生存的条件。人类之所以能够被称为"高级"生命，不仅仅是因为我们的智慧和创造力，更因为我们拥有强大的适应能力。与别的生命相比，人类能够更好地适应环境的变化。从远古时期的狩猎采集，到现代社会的高度工业化，人类始终在不断地调整自己，以适应时代的变迁。这种适应能力，是我们能够在地球上占据主导地位的关键因素。我们要适应高速发展的时代，就必须培养好自己适应环境的能力。

坚持该坚持的

> 我们原本是优秀的，只不过是我们缺乏自信的内心，一步一步把我们从优秀的高地上拉下来，一直拉到了平庸的位置上。更多的时候，是我们自己导演了自己的平庸。

任何成功的秘诀往往都离不开这条规律：坚持正确的选择，然后想尽一切办法去实现它。克服一系列困难后，目标终于成为现实。

2005 年诺贝尔生理学或医学奖获得者之一巴里·马歇尔，是位舍得为科学献身的人物。这位澳大利亚医生马歇尔竟为了研究，吞下了令人作呕的细菌溶液，甚至不顾这种溶液会引起消化系统溃疡。

当时，人们认为消化系统溃疡是紧张和不良的饮食习惯引起的。而马歇尔发现，这些病可能是幽门螺旋杆菌引起的。由于当时没有人相信他，马歇尔决定在自己的身上做试验，以获得证据。喝下细菌溶液一个星期后，马歇尔开始发病，检查发现，螺旋形的细菌开始大肆破坏他的肠胃功能，其症状和胃溃疡病人的症状一致。

如果换了你，敢于为了你的理想而坚持你的一切吗？你敢于为了实现你的目标，甚至不惜献身吗？

同年诺贝尔化学奖得主之一的法国科学家伊夫·肖万，刚开始工作时曾担任级别最低的技术员，而且一干就是 23 年；他在同一个办公室里整整工作了 40 年。坚韧，是他成功的利器。

早在1970年，伊夫·肖万就详细地解释了烯烃复分解反应是如何进行的，并列举出了促进这种反应的催化剂的物质成分。20年后，美国科学家理查德·施罗克和罗伯特·格拉布斯应用并发展了伊夫·肖万的研究成果。这使他们三人共同获得了2005年的诺贝尔化学奖。

经过漫长默默无闻的日子的打磨，肖万的心已经非常纯粹。获悉得奖后，他说："我在获得新发现时的感觉要比听到获奖时好得多。"

事实上，每一位在某一领域获得杰出成就的人，都是坚持了该坚持的，进而获得了后来的成就。当我们在钢筋水泥的丛林里走失，找不到成功的秘诀时，参考一下这些敢于献身、坚韧、正直的人物的经历，肯定会大有裨益。

在小学时，我是班里的佼佼者，觉得第一名非自己莫属。升到了初中后，人多了，觉得自己能考到前10名就不错了，于是一旦考到了前10名，便沾沾自喜。高中后，定的目标更低，常会安慰自己：高手这么多，已经不错了。就这样，我一步步从优秀走向了平庸。

是的，生活中，不会永远有人告诉我们竞争对手的实力和能力。于是面对着周围越来越多的人，我们茫然不知所措，或者妄自菲薄，主动地把自己"安排"到一个较低的位置上。这也许是前进的路上，许多人都要走的一条路。一个著名的企业家曾说过：一个优秀的人才，他的自信力恒久不衰。是啊，即使你曾经是一块金子，但缺乏自信心，就会让自己黯然褪色为一块铁，甚至甘心堕落为一粒沙，长久地淹没在沙土里，不被人发现。

我们原本是优秀的，只不过，是我们缺乏自信，一步一步把自

适度

己从优秀的高地上拉下来，一直拉到了平庸的位置上。平庸，是人生的一场灾难，也是人生的悲剧。只是，更多的时候，是自己为自己导演了这场灾难和悲剧。

正是如此，我们才有必要坚持我们必须坚持的东西，例如那个能够为我们带来真正幸福快乐的目标，那些可以实现我们梦想的努力付出，以及那些可以为大家提供助益的举动，等等。

但最重要的是，我们应该坚持让自己一直优秀下去，不要让自己在困难面前一步步走向平庸。愿所有的人都能为了自己的信念，坚持该坚持的，虽经风雨，痴心不改，能以平静的心，去实现自己的理想！

敢于突破常规

当你勇敢地打破思维的常规方式，变换一下角度时，就能出奇制胜。世上绝大多数难题的解决方法就近在眼前。突破常规思路，换个视角，就能发现新机遇。

很多创新之举的第一步，往往不在于做不到，而在于想不到。如果你没有敢于突破常规的思维和勇气，你将很难收获惊喜，脱颖而出。

美国一个飞行爱好者协会举办了一次飞越英吉利海峡的比赛，要求参赛者自行设计飞行器，不准采用发动机。结果，一架名为"信天翁"的飞机取得了胜利，它获得了 25 万美金的奖励。

在比赛过程中，许多飞机制造者都有强大的财力、物力支持，有的甚至得到了民用航空技术部门的支持。每个环节、每个部件、每道工序都是合乎标准的。可是，他们都没有成功，他们设计的飞机比不上这家不是专业人士设计的"信天翁"。这是什么原因呢？

其实，"信天翁"的设计并没有什么高明之处，飞机设计师只不过对飞机的机翼做了大胆的改进，这架只有 70 磅重的飞机却有 90 英尺宽的巨大机翼，并采用优质的强索做动力张索。虽然飞机看起来不伦不类，却十分实用。而其他的飞机设计高手们都不敢这样设计飞机，他们所想的是怎样去改进，效果才能更好一些，因为他们大脑中都有一系列标准和规范。而"信天翁"的设计者想的是，能不能把一些标准和规范改一改？他们是这样想的，也是这样做的，结果成功了。

不是做不到，而是想不到。人总是被许多规则约束，如果按固定的规则来奋斗，也许会成功，但要想创造奇迹，就要试着突破一些约定俗成的规则。因为有些规则是过去规律、经验的总结，现在情况变化了，就要想想这些规则是否也与时俱进了。不敢怀疑规则，就不会有突破性的成功。

事实上，很多时候表面上看起来很困难甚至看起来不可能办得到的事情，只要你多动动脑筋，或者换个角度来思考，就能轻易地获得很好的效果。

在传统的咖啡行业，咖啡店的主要功能是提供咖啡饮品，顾客购买后通常会快速离开，咖啡店的盈利主要依赖于饮品的销售。然而，随着市场竞争的加剧，单纯的咖啡销售模式逐渐难以满足消费者的需求，尤其是在快节奏的现代生活中，消费者对咖啡店的需求不再仅仅是一杯饮品，而是希望获得一种放松和社交的空间。

星巴克在面对竞争激烈的饮品市场时，并没有简单地通过降低价格或增加咖啡品种来竞争，而是从一个全新的角度重新定义了咖啡店的商业模式。他们提出了"第三空间"的理念，即咖啡店不仅是家庭（第一空间）和工作场所（第二空间）之外的"第三空间"，更是一个让人们可以放松、社交、工作甚至举办小型聚会的场所。

为了实现这一理念，星巴克从以下几个方面进行了创新：

第一，别出心裁的店铺设计。星巴克的店铺设计不再局限于传统的咖啡店风格，而是营造出一种舒适、温馨且具有归属感的氛围。店内配备了舒适的沙发、宽敞的桌子、免费的Wi-Fi，甚至还有插座供顾客使用笔记本电脑。这种设计让顾客愿意在店内停留更长时间。

第二，产品的多元化创新。除了咖啡，星巴克还增加了轻食、糕点、茶饮等产品，满足不同顾客的需求。同时，他们还推出了季节性饮品和特色饮品，吸引顾客频繁光顾。

第三，开创社区化运营。星巴克将店铺定位为社区的一部分，举办各种社区活动，如艺术展览、音乐表演、读书会等。这些活动不仅增加了顾客的粘性，还让咖啡店成为社区文化的一部分。

通过这种"换个角度思考问题"的方式，星巴克成功地将咖啡店从单纯的饮品销售场所转变为一个多功能的"第三空间"。这一创新不仅让星巴克在激烈的市场竞争中脱颖而出，还重新定义了咖啡店的商业模式，使其成为全球最受欢迎的几个咖啡连锁品牌之一。

当大多数人都觉得不可能办到时，你却办到了，你自然就能够收获别人得不到的结果，你当然就理应享受别人享受不到的果实了。

理想有时也需要暂时搁置

有时候所谓的伟大理想，只是攀比思维的陷阱，功利主义的圈套。看清自己真正想要什么，才能真正为理想奋斗。

每个人都曾经有过理想，每个人都曾经为自己的理想努力奋斗过，也许奋斗的时间有长有短。只是，理想和现实大多数时候是不能绝对一致的，有很多时候，理想会受到现实的挑战，理想会在现实中走不通。这时候，我们是否想过，这些真的是我们想要的东西吗，会不会是别人为我们圈定的意义？它设定我们必须出人头地，必须腰缠万贯，必须在什么年龄做成什么事，从各个维度把别人都比下去。这样的理想让我们活得很沉重，架着我们反复攀登一座看不见顶端的光滑的金字塔，你永远在爬，它永远在增长，本应带来力量和温暖的理想却让你在每个夜晚辗转反侧，焦虑得不得安宁。

有时候，放弃那些行不通的理想，可能对我们的成长更加有利；暂时搁置那些条件不允许的理想是明智之举。或者我们是否想过，其实我们真正的理想，就在身边。

法国少年皮尔从小就喜欢舞蹈，他的理想是当一名出色的舞蹈演员。可是，因为家境贫寒，维持基本生活都非常艰难的父母，根本拿不出多余的钱来送皮尔上舞蹈学校。皮尔的父母不得不将他送到一家缝纫店当学徒工，希望他学一门手艺后能帮助家里减轻点负担。

　　每天要在缝纫店工作十多个小时的皮尔，对这份工作厌恶极了，因为繁重的工作所得的报酬还不够他的生活费和学徒费，更重要的是，他觉得自己是在虚度光阴，他苦闷自己的理想无法实现。他认为，与其这样痛苦地活着，还不如早早地结束自己的生命。

　　幸好，就在皮尔准备跳河自杀的当晚，他突然想起了自己从小就崇拜的有着"芭蕾音乐之父"美誉的布德里，皮尔觉得只有布德里才能明白他这种为艺术献身的精神。他决定给布德里写一封信，请求布德里收下他做学生。在信的最后，他写道，如果布德里在一个星期内不回他的信，不肯收他这个学生，他便只好为艺术献身跳河自尽了。

　　很快，年少轻狂的皮尔收到了布德里的回信，皮尔以为布德里被他的执着打动，终于答应收下他这个学生了。谁知，布德里并没提及收他做学生的事，也没有被他对艺术的献身精神所感动，而是讲了他自己的人生经历。布德里说他小时候很想当科学家，因为家境贫穷无法送他上学，他只得跟一个街头艺人过起了卖唱的日子……最后，他说，人生在世，现实与理想总是有一定的距离，在理想与现实生活中，人首先要选择生存，只有好好地活下来，才能让理想之星闪闪发光。一个连自己的生命都不珍惜的人，是不配谈艺术的。

　　布德里的回信让皮尔猛然醒悟。后来，他努力学习缝纫技术，从23岁那年起，他在巴黎开始了自己的时装事业。很快，他便创立了自己的公司和服装品牌。这位皮尔，就是皮尔·卡丹。

　　由于自己放弃了当舞蹈演员的理想，一心扑在服装设计与经营上，皮尔·卡丹的公司发展迅速。在28岁那年，皮尔·卡丹便拥有

了 200 名雇员。他的顾客中很多都是世界名人，其中包括阿根廷国母贝隆夫人和好莱坞的大明星丽泰·海华丝。

如今，皮尔·卡丹品牌已经延展到服装行业以外，经营领域涉及服饰、手表、眼镜、化妆品……皮尔·卡丹成了令人瞩目的亿万富翁，以他的名字命名的产品也遍及全球。

在一次接受记者采访时，皮尔·卡丹说：其实他并不具备成为舞蹈演员的素质，当舞蹈演员只不过是他年少时的一个虚幻的梦而已，如果那时他不放弃当舞蹈演员的理想，就不可能有现在的皮尔·卡丹。

也许有一天，你也会像皮尔·卡丹一样，突然看见其实理想一直伴随在你的身边，只是你未发现而已！

看家本领也可能毁掉你

　　既然我们每个人生存于这个社会，就必须拥有自己的看家本领和一技之长，然而，如果我们总是依赖甚至只抱着我们的看家本领去办事，总是用过去的经验来看待不断发展变化的事情，我们也有可能被看家本领束缚住手脚。

　　中国古语里有一句话流传甚广：一招鲜，吃遍天。

　　确实，无论在任何社会里，我们都必须有一技之长，才能解决自己的温饱问题，才能助自己一臂之力。然而，作为你的看家本领的长处，有时候却可能毁掉你，如果你太迷信你的看家本领，而不懂得变通的话。

　　据科学研究显示，鳄鱼可以潜在水下一个小时而不被淹死，这便于它遇到体形庞大的猎物时可以在水下搏斗一番。鳄鱼的猎物广泛，大到陆地上的老虎、狮子、马、野牛，小到空中的飞鸟、水里的鱼虾，特别是在捕食老虎等大型动物时，鳄鱼便会拿出自己的看家本领：当老虎等动物去湖边饮水时，一旦被鳄鱼咬上，鳄鱼就会在水里不停地翻滚。陆地上的动物是经不起鳄鱼这样翻滚的，只要翻上几圈或者几十圈，就是再凶猛的动物也被折腾得没气了。因此，鳄鱼便得了个"天生猎手"的称号。

　　对鳄鱼有着40年研究经验的美国鳄鱼专家格林特姆有一天却奇

怪地发现，一条鳄鱼竟被树藤勒死了，查看现场后他推断出，鳄鱼在捕食一只鸟时，一口咬到了树藤。但鳄鱼以为自己咬到了鸟。在撕扯不动时，它使出了自己的看家本领，在水里不停地翻滚，长长的树藤随着鳄鱼的翻滚将它越缠越紧，鳄鱼终于动弹不得了。此后，格林特姆常用一根穿着鱼钩的丝线来捕鳄鱼，因为鳄鱼皮是由几层纤维组成的，很结实，鱼钩一旦挂在皮上，鳄鱼就很难脱身，于是，鳄鱼就以为遇到了难以征服的猎物，就不停地翻滚，它的身体很快便被丝线缠住了。鳄鱼没想到，格林特姆正是利用它的看家本领将它轻易地捉住了。

拥有"咬住猎物就地翻滚"的捕杀猎物的绝技，即使是老虎、狮子这样的猛兽一旦被它咬住也会在短时间内命丧黄泉，素有"天生猎手"称号的鳄鱼，居然不是败在它的弱点上，而是败在自己的看家本领上，这样的教训值得深思。

延伸到军事领域，无论是武器装备发展，还是作战理论创新所形成的能力、战法上的优势和长处，都是相对的，并不能保证一强百强，总有软肋和漏洞存在。加之战争中，任何一方的特点和优势都会引起对方的高度重视，并千方百计地寻求破解之法。因此，要想在战争中使己方的强项和优势得以保持和发扬，就必须警惕和防止它们在一定的条件下变成致命的弱点。

生活不止一扇门

生活不止一扇门。当一扇门对你关上时，你千万不要把自己关在里面。

有一个人每年到教堂祈祷的时候，都会对主许愿。

一天，教堂门口的一个老婆婆问这个人："这么多年，你向主许了很多愿，实现了几个呢？"

这个人说："第一年，我向主许愿，希望妈妈的病能尽快痊愈，但是六个月后，妈妈还是去世了。第二年，我向主许愿，希望我能够在大学入学考试中顺利过关，但一场突如其来的病打碎了我的梦想。第三年，我向主许愿，希望能娶一个漂亮的妻子，但后来我娶的是一个眼睛特小的妻子。第四年，我许愿能有一个儿子降生，但妻子生的却是一个女儿。"

老婆婆奇怪地问："那你为什么每年都来许愿？"

这个人接着说："我妈妈虽然去世了，但是比医生的估计多活了三个月，而且始终有人相伴于病榻边，她走时很满足；我虽然错过了考期，但后来在一个工程师手下打工，学到了不少实际知识；妻子虽然不漂亮，但很聪明，给我出谋定计，是我的得力助手；虽然妻子生了一个女儿，但女儿乖巧可爱，相信有一天她会找到一个好男人。"

那人又接着说道："我每年来许愿，虽然没有一个愿望实现，但每许一个愿，就有一个希望在心中滋生，让我能勾画未来的幸福，每一件不幸的事发生后，我一定会从另外一个好的方面去思考，所以我才能在不幸福的时候不至于绝望。"正是由于这种心情的调解，这个人在后来的一次事件中成功地打开了另一扇门。

那天，这个人像往常一样来公司上班，他刚走进办公室，上司把他叫到另一间屋子里，对他说："实在抱歉，你被公司解聘了。"

"为什么，我犯了什么错误？"这个人不解地问。

"你没犯错误，只是公司近来的效益很不好，董事会决定裁员，仅此而已。"他的上司回答道。

是的，仅此而已，只是公司效益不好才这样做的，他没有犯什么错误。失了业的他并没有因此绝望，相反，心里很轻松的他来到街上，看看有没有其他新的工作需要他。

在街上，他遇到了和他同样命运的一个老朋友——那人也刚刚被公司解雇，此时也在街上寻找新的出路。

于是两人来到旁边的咖啡店里相互安慰，一起寻求解决的办法。

"公司解聘了我们，为什么我们不去另开一家公司呢？"这个念头像火苗一样，点燃了两个人压抑在心中的激情和梦想。于是，就在这家咖啡店里，他们策划建立新的家具仓储公司，制定出了"拥有最低价格、最优选择、最好服务"的制胜理念和使这一理念得以成功实践的一套管理制度，紧接着就开始创办公司。那是1978年的春天。20年后，他们名不见经传的小公司已发展成为拥有775家分店、15万名员工、年销售额达300亿美元的世界500强企业。它就是闻名全球的美国家得宝公司，该公司创造了全球零售业发展史上的一个奇迹。这个人，就是这家公司的创始人之一伯尼·马库斯。

　　人生是一次长途旅行，它的美妙之处就是"未知"，你不知道未来会发生什么。生活不止一扇门，当一扇门对你关上时，你千万不要把自己关在里面，不妨也对自己许下一个愿，这个愿就是一个幸福的方向，就是一种希望。然后在这个希望的推动下，去敲开另外一扇门，走出去，就可能是成功。

用合作来适应社会

> 无论是自然界还是人类社会，相互争斗的结果往往是两败俱伤；而相互合作、相互支持则会是互惠互利、共胜共赢。

不论自然界还是人类社会，除了竞争，还有合作。

每当春暖花开的时节，有一种叫作榕小蜂的昆虫会成群结队地飞到薜荔树的雌株上，一旦找到了花序，蜂们便会拼命地往花柱里钻。因为过度劳累，免不了有一些孕蜂丢掉性命，可其他一些挺着丰满孕肚的榕小蜂并无一点惧色，仍然会不管不顾地往花柱中钻。随着时间的推移，死去的孕蜂也就会越来越多。

即便是那些以寻微探幽著称、见多识广的博物学家们，也对这种现象感到十分惊讶和困惑：那花柱里是不是有榕小蜂急需的某种物质呢？

经过几十年的研究探索，最终发现原来榕小蜂此时并非在攫取，而是在"知恩图报"。这种薜荔树分为雄株与雌株。按说雄株只能开雄花，可为了树种的繁衍，通过不断地进化，它们也开出了一朵朵雌花。雌花并不结果生籽，完全是为了方便榕小蜂在其花房产卵，并以其丰盈的汁液、丰腴的养料让蜂虫胚胎在花房里茁壮成长。

榕小蜂当然也不白吃白拿，到了该出手时，纵然拖着满腹孕卵的臃肿之身，也要为雌株上的雌花传授花粉，挤死累死也无怨无悔——于是便出现了前面提到的感人至深的那一幕。年年岁岁，蜂群并不减少，反而日益壮大。

薜荔树的雌株尽一切努力为榕小蜂提供培育后代的优良场所；而榕小蜂也不惜一切代价，哪怕付出一部分种群的生命也要让薜荔树"续上香火"。这便是博物学家们所揭示的"奥秘"。

而在英国，则有一种叫作"欧洲蓝蝶"的美丽蝴蝶，特别爱和一种小蚂蚁交朋友，而且它们简直就是生死之交。这种蓝蝶在幼年阶段，腹部能分泌一种小蚂蚁非常爱吃的蜜露。这种蜜露不停地散发着香气，蚂蚁一旦闻到这种特殊的香味，便源源不断地爬到蓝蝶幼虫腹部尽情享受。

当然，蚂蚁也知道"礼尚往来"。当蚂蚁一旦发现蓝蝶在草丛中产下的卵块时，蚁王便立即派兵蚁将卵块看护起来，并派来工蚁帮助其孵化。孵化出来的幼虫最爱吃鲜嫩的树叶，蚂蚁会将它们搬到树叶上，并守护在旁，等待它们吃完一片树叶时，众蚂蚁又将它们抬到另一片树叶上。寒冬来临，为了不让蓝蝶幼虫冻着，蚂蚁会赶紧把它们搬进自己温暖舒适的蚁穴里。这段时间，蓝蝶幼虫也不忘分泌出蜜露让蚂蚁吸食，蚂蚁也把它们自己那些快要僵死的幼虫奉献给蓝蝶幼虫作为食物。当春天的脚步响起时，蓝蝶幼虫变作虫蛹，并进而化为蝶，那一只只蓝蝶便在花红柳绿中翩翩跹跹舞起轻盈美妙的身姿。

倘若蓝蝶幼虫不慷慨地为蚂蚁们提供蜜露，这种小蚂蚁就会很难生存；同时，没有蚂蚁对其卵块无微不至的关怀与照顾，蓝蝶的翩翩倩影也很难出现在暖春的晴空里。

把成功的感觉再放大些

悲观的人，在每一个机会中，都看到某种忧患；乐观的人，在每一次忧患中，都能看到一个机会。

心理学家告诉我们：成功与否，全看你"心之所向"。给大脑正面的刺激——良性的心理暗示，大脑就会活络起来，产生连自己也意想不到的力量。成功人士绝大多数都会时不时地给自己良好的心理暗示——我的运气绝对是好的，我一定会成功的。自以为运气不好的人，往往因为这种定位给自己带来负面的影响，自以为"运气不好"的心态本身，使得自己的运气更趋恶化。当遭遇困难和打击时，我们应该对自己说：我很坚强，我不会倒下。这样的心理暗示力量必将为你增添战胜困难的勇气和信心。

1900 年以前，德国有 100 多名勇士先后独自一人做了"驾驶单座折叠式小船横渡大西洋"的冒险，结果绝大多数人均惨遭失败，葬身大西洋。然而，有一个人却创造了奇迹，他就是当时德国的一名精神科医生林德曼博士。事后他回忆冒险过程，得出结论说，在大洋上孤身搏斗，最可怕的不是体力不支和风浪袭击，而是自身产生的惶恐和绝望。他说，在航海过程中，他一直在内心深处鼓励自己，相信自己一定能成功。他时时在内心呼唤："一定要成功！一定要成功！"他就是用这样的方式维持了自己的坚毅并战胜了恐慌。

林德曼博士的自我鼓励方法，就是一种心理暗示。

心理暗示可分为积极的心理暗示和消极的心理暗示，像林德曼博士在航海冒险中的自我鼓励、自信成功，就是一种积极的心理暗示。它对人的情绪和生理状态能产生良好的影响，调动人的内在潜能，发挥最大的能力。而消极的心理暗示则对人的情绪、智力和生理状态都产生不良的影响。

当我们把积极的心理暗示和成功的感觉放大些、再放大些后，我们就会发现，这种暗示真的为我们带来很多意想不到的好处。

二战期间，美国心理学家在招募的一批行为不良、纪律散漫、不听指挥的新士兵中做了如下试验：让他们每人每月向家人写一封信，述说自己在前线如何遵守纪律、听从指挥、奋勇杀敌、立功受奖等内容。结果，半年后这些士兵发生了很大的变化，他们真的像信上所说的那样去努力了。这种现象在心理学上被称为"标签效应"。

在生活中，很多人都曾遇到过失败和挫折，这些经历对个人的自信心会有不同程度的影响。几次失败后，有的人就给自己贴上了消极的标签，认为自己就是这个样子。如果以后再遇到挫折，他们就会认为失败是理所当然的；即使遇到了成功，他们也很难借此机会来提高自信心。

那么，我们该如何利用"标签效应"提高自身的自信心呢？一个非常有效的方法，就是本文刚开始提出的——实施积极的自我心理暗示。

一位著名的运动员在获得奥运会金牌后说："奥林匹克竞赛对运动员来说，20%是身体的竞争，80%是心理的挑战。"他的话很有道理。由于高水平的激烈竞赛，会给人带来紧张感和精神压力，这种精神上的紧张和压力又使人的生理发生变化，如动作不协调，肌肉和关节僵硬、不灵活，呼吸急促，心跳加速，等等。如果善于通过心理暗示来进行自我放松，调整机体内部心理状态，使之达到最佳的竞技状态，就能使自己正常发挥，甚至超水平发挥。

很多准备升学考试的学生，喜欢将写着"绝对成功""必胜""天生我材必有用""有志者事竟成"等字条贴在墙上或作为座右铭。事实上，这也是一种积极的心理暗示，是善于读书学习、充分运用心理暗示作用的生动表现，因为心存强烈的必胜意识，自会萌生一种势不可挡的力量。

所以做任何事之前，都要确信自己一定能成功，并有意识地找些事情来做，失败了就想"下次一定能成功"；成功了就对自己说："看，我多棒，再接再厉，下次一定会更好！"心理暗示的作用是强大的，有时它会使人绝处逢生。

让我们不断地给自己鼓气和加油吧，成功一定会降临到坚信成功、脚踏实地的人身上。为了我们的理想，为了我们的幸福，我们应该学会把振奋人心的口号喊给自己！

第九章

虚实之度
——思考行动两结合

　　"虚"者，代指思考和口头表达；"实"则代表真抓实干，迅速行动。光务虚，总是光说不练，我们还是没有把想法转变为生产力。光是蛮干，而不懂得思考总结，我们又在浪费各种资源。因此，我们需要的是把握好一种"虚实之度"，把思考和行动很好地结合起来。

只会幻想的人没有真正的机会

机会需要把握，也需要创造。一切成功都要靠自己的努力去争取。

有一位名叫西尔维娅的美国女孩，她的父亲是波士顿有名的整形外科医生，母亲在一所声誉很高的大学担任教授。这样得天独厚的家庭条件使她一出生就拥有更多实现梦想的机会。从念中学的时候起，西尔维娅就一直梦想成为电视节目的主持人。她觉得自己具有这方面的才干，因为每当她和别人相处时，即使是生人也都愿意亲近她并和她长谈。她知道怎样从人家嘴里"掏出心里话"。她的朋友们称她是他们的"亲密的随身心理医生"。她自己常说："只要有人愿意给我一次上电视的机会，我相信我一定能成功。"

可事实上，她对梦想的憧憬往往只停留在口头上，她为达到这个理想都做了些什么呢？什么也没有！西尔维娅按部就班地上学，花费时间玩乐，也没有主动地去了解相关行业，只是一直在等待一个从天而降的星探突然出现，热情地递给她一张名片。可谁会无缘无故地邀请一个毫无经验的人去担任电视节目主持人呢？

而另一个名叫辛迪的女孩却实现了西尔维娅的理想。她出生在一个普通的工薪家庭，不像西尔维娅那样有雄厚的家庭和交际广泛的精英父母，但她从不被动地等待机会出现。辛迪早早地开始收集相关领域的行业资讯，认真地规划自己的成长路径，大学期间白天去上课，晚上在大学的舞台艺术系上夜校。毕业之后，她开始谋职，跑遍了洛杉矶每一个广播电台和电视台。但是，每个地方的经理对她的答复都差不多："不是已经有几年经验的人，我们不会雇用的。"

但是，她不愿意退缩，也没有等待机会，而是走出去寻找机会。她一连几个月仔细阅读广播电视方面的杂志，终于看到一则招聘广告：北达科他州有一家很小的电视台招聘一名预报天气的女孩子。

辛迪是加州人，不喜欢北方。但是，有没有阳光，是不是下雨都没有关系，她希望找到一份和电视有关的职业，干什么都行！她抓住这个工作机会，动身到北达科他州。

两年后，洛杉矶电视台注意到了她的工作成绩，向她抛出了橄榄枝，虽然只是一个无法出镜的主持助理，辛迪也欣然接受。又过了五年，她终于得到晋升，成为她梦想已久的节目主持人。

为什么西尔维娅失败了，而辛迪却如愿以偿呢？

因为西尔维娅在 10 年当中，一直停留在幻想上，坐等机会；而辛迪则是采取行动，最后，终于实现了理想。

泰国有个叫奈哈松的人，一心想成为大富翁，他觉得成功的捷径便是学会炼金术。他把全部的时间、财富和精力都用在了炼金术的实践中。不久，他花光了自己的全部积蓄，家中变得一贫如洗，连饭也吃不上了。妻子无奈，跑到父母那里诉苦，她父母决定帮女婿改掉恶习。他们对奈哈松说："我们已经掌握了炼金术，只是现在还缺少炼金的东西。"

"快告诉我，还缺少什么东西？"

"我们需要 3 公斤从香蕉叶上搜集起来的白色绒毛，这些绒毛必须是你自己种的香蕉树上的，等到收完绒毛后，我们便告诉你炼金的方法。"

奈哈松回家后立即将已荒废多年的田地种上了香蕉，为了尽快凑齐绒毛，他除了种自家以前就有的田地外，还开垦了大量的荒地。

当香蕉成熟后，他小心地从每张香蕉叶上搜刮白绒毛，而他的妻子和儿女则抬着一串串香蕉到市场上去卖。就这样，10年过去了，他终于收集够了3公斤的绒毛。这天，他一脸兴奋地提着绒毛来到岳父母的家里，向岳父母讨要炼金之术，岳父母让他打开了院中的一扇房门，他立即看到许多黄金，妻子和儿女都站在屋中。妻子告诉他，这些金子都是用他10年里所种的香蕉换来的。面对满屋实实在在的黄金，奈哈松恍然大悟。从此，他努力劳作，终于成为一方富翁。

西方精神分析学大师弗洛伊德将空想命名为"白日梦"。他认为，白日梦就是人们在现实生活中由于某种欲望得不到满足，于是通过一系列的空想、幻想在心理上实现该欲望，从而为自己在虚无中寻求到某种心理上的平衡。

弗氏理论还提出了一个关键性的词：逃避。也就是说，过分沉湎于空想的人必定是一个逃避倾向很浓的人。这会带给人极大的危害性。

当一个人年轻时，谁没有空想过，谁没有幻想过？想入非非是青春的特权，是年轻的标志，它如同绚烂的烟火，在生命的天空中绽放出最耀眼的光芒。但是，朋友们，人总归是要长大的。天地如此广阔，世界如此美好，当我们站在人生的十字路口，面对未来的种种选择时，我们不能仅仅依靠幻想的翅膀去飞翔，更需要一双踏踏实实的脚，去一步步丈量这个世界，去实现那些曾经在梦中描绘的蓝图。

　　当然，在采取行动之前，保持谨慎的态度是必要的；谨慎并不是胆怯，而是一种对未来的深思熟虑，是一种对责任的担当。它让我们在面对机遇时，能够仔细权衡利弊，避免盲目冲动；它让我们在面对挑战时，能够充分准备，不打无准备之仗。但是因谨小慎微而不思进取以致丧失发展或取胜的机会就得不偿失了。

思考，而不盲从

自信且善于思考，行动而不盲从，我们的成功之路将会更加开阔。

大自然真可谓无奇不有，其中有很多现象足以引起我们的思考和借鉴。

有一种奇怪的虫子，叫列队毛毛虫。顾名思义，这种毛毛虫喜欢列成一个队伍行走。最前面的一只负责方向，后面的只管跟从。生物学家曾经做过一个有趣的实验，诱使领头的毛毛虫围绕一个大花盆绕圈，其他的毛毛虫跟着领头的毛毛虫，在花盆边沿首尾相连，形成一个圈。这样，整个毛毛虫队伍就无始无终，每条毛毛虫都可以是队伍的头或尾。每条毛毛虫都跟着它前面的毛毛虫爬呀爬，周而复始。直到几天后，毛毛虫们被饿晕了，从花盆上掉下来。

这些毛毛虫遵守着它们的本能、习惯、传统、先例、过去的经验、惯例。只是，虽然它们很卖力，但毫无成果。它们的失误在于失去了自己的判断，盲目跟从，进入了一个循环的怪圈。这是一个很有哲理的小故事，由此可以想到现实生活中的我们，有时是不是也犯了毛毛虫的错误，没有了自己的主见，不相信自己了，因盲目效尤别人的做法，导致自己失败呢？

其实，人在有些时候何尝不是如此呢？许多人盲目地跟从那些所谓的权威，一旦他们发生失误，全部人生都变得失败。

思考，而不盲从。记得莎士比亚有句话说得好："自信是走向成功的第一步，缺乏自信即是失败的原因。"这在世界著名的指挥家小泽征尔身上也得到了很好的验证。

在一次世界优秀指挥家大赛的决赛中，小泽征尔按照评委会给的乐谱指挥演奏，他敏锐地发现了不和谐的音符。起初，他以为是乐队演奏出了错误，就停下来重新演奏，但还是不对。他觉得乐谱有问题。这时，在场的作曲家和评委会的权威人士坚持说乐谱绝对没有问题，是他错了，面对一大批音乐大师和权威人士，他思考再三，最后斩钉截铁地大声说："不！一定是乐谱错了！"话音刚落，评委席上的评委们立即站起来，报以热烈的掌声，祝贺他大赛夺魁。

原来，这是评委们精心设计的"圈套"，以此来检验指挥家在发现乐谱错误并遭到权威人士"否定"的情况下，能否坚持自己的正确主张。前两位参加比赛的指挥家虽然也发现了错误，但终因随声附和权威们的意见而被淘汰。而小泽征尔却因充满自信而摘取了世界指挥家大赛的桂冠。

当然，自信不等于专己，古人云："多见者博，多闻者知，拒谏者塞，专己者孤。"我们暂且把"专己"叫作"过度自信""过犹不及"吧。历史上因为这种过度自信、独断专行最后遭到孤立灭亡的例子也比比皆是；但因为听进谗言致使名声扫地、小人当道者也不乏其君。看来，要相信自己又要察纳广言，但一定要有明辨是非、睿智聪慧的头脑。说到这里，不如看看战国时赵惠文王是如何做的。

适度

　　在为秦王要以城换璧而左右为难之际，赵惠文王听取宦者推荐，召见了蔺相如，并接受蔺相如的建议"宁许以负秦曲"，争取了主动。在渑池会前，赵惠文王畏秦，不想去参加。廉颇、蔺相如便进谏道："王不行，示赵弱且怯也。"赵惠文王就接受了廉颇和蔺相如的意见，不顾个人安危，去渑池赴会。廉颇又提出为了断绝秦国扣留赵王做人质来要挟的念头，提出如果赵惠文王"三十日不还"，"则请立太子为王"。赵惠文王毫不犹豫地同意了。在个人安危和国家利益发生冲突时，赵惠文王能虚心听取臣下的谏说，以国事为重，确实难能可贵。

　　同时，赵惠文王的纳谏，并不是没有主见，而是经过比较分析后做出的正确选择。也正是因为他广召天下有才之士，从谏如流，又能自己用脑分析、权衡利弊，才使得本来弱小的赵国在相当长的时期内，在与强秦的较量中立于不败之地。

　　自信且善于思考，行动而不盲从，我们的成功之路将会变得更加开阔。

迅如雷霆地做出决定

　　在生活中，我们无论要干什么，都要懂得把握住适当的分寸和尺度，所谓"该出手时就出手"。一旦错过了最好的时机，你将可能一无所得。

　　有位富翁家的狗在散步时跑丢了，于是富翁就在当地报纸上发了一则启事：有狗丢失，归还者，付酬金一万元。并附有小狗的一张彩照充满大半个栏目。

　　启事刊出后，送狗者络绎不绝，但都不是富翁家的。富翁的太太说，肯定是真正捡狗的人嫌给的钱少，那可是一只纯正的爱尔兰名犬。于是富翁就把电话打到报社，把酬金改为两万元。

　　一个沿街流浪的乞丐在报摊看到了这则启事，他立即跑回他住的窑洞，因为前天他在公园的躺椅上打盹时捡到了一只狗，现在这只狗就在他住的那个窑洞里拴着，果然是富翁家的狗。乞丐第二天一大早就抱着狗出了门，准备去领两万元酬金。当他经过一个小报摊的时候，无意中又看到了那则启事，不过赏金已变成了三万元。

　　乞丐又折回他的窑洞，把狗重新拴在那儿，第四天，悬赏额果然又涨了。

　　在接下来的几天时间里，乞丐天天浏览当地报纸的广告栏，当酬金涨到使全城的市民都感到惊讶时，乞丐返回他的窑洞，可是，那只狗已经死了。

在生活中，我们无论要干什么，都要懂得把握住适当的分寸和尺度，所谓"该出手时就出手"。一旦错过了最好的时机，你将可能一无所得。

其实，是否能够把握好"度"，迅速做出决定，小至老百姓的生活小事，大到国家民族间的争斗，都是极其重要的。

获得成功的最有力的办法，是迅速排除一切干扰因素，做出决定，而且一旦做出决定，就不再犹豫不决，以免决定受到影响。有时候，犹豫就意味着失去。实际上，一个人如果总是优柔寡断，犹豫不决，或者总在毫无意义地思考自己的选择，一旦有了新的情况就轻易改变自己的决定，这样的人成就不了任何事。消极的人没有必胜的信念，也不会有人信任他们。自信积极的人就不一样，他们是世界的主宰。

在一个深夜，装得满满的斯蒂文·惠特尼号轮船在爱尔兰撞上了悬崖，船在悬崖边停了一会儿。有些乘客迅速地跳到了岩石上，于是他们获救了。而那些迟疑害怕的乘客被打回来的海浪卷走，永远被海浪吞没了。优柔寡断的人常因犹豫不决、缺乏果断而失去成功的可能性。生活中好的机会往往不容易到来，而且经常会很快地消失。约翰·福斯特说："优柔寡断的人从来不是属于他们自己的，他们属于任何可以控制他们的事物。一件又一件的事总在他们犹豫不决时打断了他们，就好像小树枝在河边漂浮，被波浪一次次推动，卷入一些小漩涡。"

历史上有影响的人物都是能果断做出重大决策的人。一个人如果总是优柔寡断，在两种观点中游移不定，或者不知道该选择两件事物中的哪一件，这样的人将不能很好地把握自己的命运。果断敏锐的人决不会坐等好的条件，他们会最大限度地利用已有的条件，迅速地采取正确的行动。

条件是可以努力创造的

无论你想要达到的目标是多么艰难，你都可以创造一定的条件去实现它。

杰是个普通的年轻人，30岁，有太太和小孩，收入并不多。

他们全家住在一间小公寓里，夫妇两人都渴望有一套自己的新房子。他们希望有较大的活动空间、比较干净的环境，小孩有地方玩，同时也增添一份产业。

买房子的确很难，必须有钱支付首付款才行。有一天，当他签发下个月的房租支票时，突然很不耐烦，因为房租跟新房子每月的分期付款差不多。

杰对太太说："下个礼拜我们就去买一套新房子，你看怎样？"

"你怎么突然想到这个？"她问，"开玩笑！我们哪有能力！可能连首付款都付不起！"

但是他已经下定决心，他说："跟我们一样想买一套新房子的夫妇大约有几十万，其中只有一半能如愿以偿，一定是什么事情才使他们打消这个念头。我们一定要想办法买一套房子。虽然我现在还不知道怎么凑钱，可是一定要想办法。"

下个礼拜他们真的找到了一套两人都喜欢的房子，朴素大方又实用，首付款是5万元。现在的问题是如何凑够5万元。他知道无法从银行借到这笔钱，因为这会妨害他的信用，使他无法获得一项关于销售款项的抵押借款。

可是皇天不负有心人，他突然有了一个灵感，为什么不直接找承包商谈谈，向他私人贷款呢？他真的这么做了。承包商起先很冷淡，由于他一再坚持，最后终于同意了。他同意杰把 5 万元的借款按月交还 2000 元，利息另外计算。

现在他要做的是，每个月凑出 2000 元。夫妇二人想尽办法，一个月可以省下 700 元，还有 1300 元要另外设法筹措。

这时杰又想到了另一个点子。第二天早上他直接向自己的老板说明了这件事，他的老板也很高兴他要买房子了。

杰说："马先生，你看，为了买房子，我每个月要多赚 1300 元才行。我知道，当你认为我值得加薪时一定会加，可是我现在很想多赚一点钱。公司的某些事情可能在周末做更好，你能不能答应让我在周末加班呢？有没有这个可能呢？"

老板对他的诚恳和雄心非常感动，便让他在周末工作 10 小时，他们因此欢欢喜喜地搬进了新房子。

如果你有了强烈的愿望，就要积极地迈出实现它的第一步，千万不要等待或拖延，也不必等待所有条件都具备。记住：你可以创造一些条件。

当人们在冷天游泳时，大约有三种适应冷水的方法：有些人先蹲在池边，将水撩到身上，使自己适应之后，再进入池子游；有些人则可能先站在浅水处，再试着步步向深水走，或逐渐蹲身进入水中；还有些人，做完热身运动，便由池边一跃而下。

适度

　　据说最安全的方法，是置身池外，先行试探；其次则是置身池内，渐次深入；至于第三种方法，则可能造成抽筋甚至引发心脏病。但相反的，最能感觉到冷水刺激的也是第一种，因为置身较暖的池边，每撩一次水，就会造成一次沁骨的寒冷，倒是一跃入池的人，由于马上要应付眼前游水的问题，反倒忘记了周身的寒冷。

　　与游泳一样，当人们要进入陌生且困苦的环境时，有些人先小心地探测，以做万全的准备；但许多人就因为看到困难重重，而再三延迟行程，甚至取消原来的计划；又有些人，先一脚踏入那个环境，但仍留有许多后路，看着情况不妙，就抽身而返；当然更有些人，心存破釜沉舟之想，打定主意，便全身投入，由于急着应付眼前重重的险阻，反倒能忘记许多痛苦。

　　在生活中，我们该怎么做呢？如果是年轻力壮的人，不妨做"一跃而下"的人。虽然可能有些危险，但是你会发现，当别人还犹豫在池边，或半身站在池里喊冷时，那个敢于一跃入池的人，早已自由自在地来来往往，把这周遭的冷忘得一干二净了。

　　在陌生的环境里，由于这种敢于一跃而下的人较别人果断，比别人快，较别人敢于冒险，因此，他们能把握更多的机会，所以往往是成功者。

少壮才需更努力

努力，一定要趁早！

从前，有个流浪的艺人，虽然才 40 多岁，但是骨瘦如柴，形同枯槁，医生诊断结果是肝癌晚期，临终前，他把年仅 16 岁的独子叫来，叮咛着："我没读过什么书，没什么大道理可以教你，但你要好好读书，不要像我一样，年轻时好勇斗狠，日夜颠倒，烟酒都沾，正值壮年就得了绝症。少壮不努力，老大徒伤悲，你要谨记在心，不要再走我的老路。"

说完，他咽下最后一口气，16 岁的儿子却懵懵懂懂地呆立一旁。

长大后，他儿子仍然在酒家、赌场闹事，有一次与客人起冲突，因出手过重而闹出人命，被捕坐牢。出狱后，他发现人事全非，感觉不能再走老路，但又无一技之长，无法找个正当的工作，只好下定决心，回到乡下，靠做一些杂工维生。

由于他年轻时无法体会父亲的遗言，耽误终身大事，年近不惑才成婚。虽然年事渐长，逐渐体会父亲临终前交代的话，但似乎为时已晚。他的体力一天不如一天，一年不如一年，面对着无法撑持起来的家，心里有着无限的忏悔与悲伤。

有个夜晚，他喝了点酒，带着酒意，把 16 岁的儿子叫到跟前。他先是一愣，这不就是当年的自己吗！父亲临终前交代遗言的景象在

脑海中显现，他有些自责地喃喃自语："我怎么没把那句话听进去啊。"

说着，眼泪直流脸颊，儿子站在面前，懂事地安慰着："爸爸，您喝醉了，早点休息吧！"

"我没醉，我要把你爷爷交代我的话告诉你，你要牢牢记住。"

"爸爸，什么话这么重要呀？"

"当年你爷爷临终时交代我不可以'少壮不努力，老大徒伤悲'，我没听进去，也没听懂。结果我费尽一生才体会出这一句话的道理，但为时已晚。"

"这句话不是人人都知道的吗？"

"是啊。但是，并不是每个人都愿意从年轻时就努力奋发向上。一定要年轻时就学好，不然老了就像我一样一无是处。你一定要认真对待这句话。希望你好好做人，将来儿孙都能成才，不必再把这句话当遗言交代了。"

"少壮不努力，老大徒伤悲"，这是一句耳熟能详的话，但是尽管大人们一再提起，多数青少年却并没有听懂，甚至于听而不闻，实在可惜。因为这一句话，不知是多少前人，在经历多少次失败后，所凝聚的一句真理。

每天做好一件事

　　许多人知道想要成功必须做点什么，但他们迟迟不愿采取正确的行动。成功的秘密是这样的：不要只是想着采取行动，而是要"采取正确的行动"。

　　有一位画家，举办过十几次个人画展，参加过上百次画展。无论参观者多与否，有没有获奖，他的脸上总是挂着开心的微笑。

　　在一次朋友聚会上，一位记者问他："你为什么每天都这么开心呢？"

　　他微笑着反问记者："我为什么要不开心呢？"

　　尔后，他讲了他儿时经历过的一件事情。

　　我小的时候，兴趣非常广泛，也很要强。画画、拉手风琴、游泳、打篮球，样样都学，还必须都得第一才行，这当然是不可能的。于是，我闷闷不乐，心灰意冷，学习成绩一落千丈。有一次我的期中考试成绩竟排到全班的最后几名。

　　父亲知道后，并没有责骂我。晚饭之后，父亲找来一个小漏斗和一捧玉米种子，放在桌子上，告诉我说："今晚，我想给你做一个试验。"父亲让我将双手放在漏斗下面接着，然后捡起一粒种子投到漏斗里面，种子便顺着漏斗流到了我的手里。父亲投了十几次，我的手中也就有了十几粒种子。然后，父亲一次抓起满满一把玉米粒放到漏斗

里面，玉米粒相互挤着，竟一粒也没有掉下来。父亲意味深长地对我说：“这个漏斗代表你，假如你每天都能做好一件事，每天你就会有一粒种子的收获和快乐。可是，当你想把所有的事情都挤到一起来做，反而连一粒种子也收获不到了。”

20多年过去了，我一直铭记着父亲的教诲：“每天做好一件事，坦然微笑地面对生活。”

不要四处乱撞，每天做好一件事，在遇到挫折的时候，坦然微笑地面对生活，这样就可以达到成功的境界。

一个中学的篮球队做了一个实验，把水平相似的队员分为三个小组，告诉第一个小组停止练习自由投篮一个月；第二组在一个月中每天下午在体育馆练习一小时；第三组在一个月中每天在自己的想象中练习一个小时投篮。结果，第一组由于一个月没有练习，投篮平均命中率由39%降到37%；第二组由于在体育馆坚持了练习，平均命中率由39%上升到41%；第三组在想象中练习的队员，平均命中率却由39%提高到了42.5%。这真是很奇怪！在想象中练习投篮怎么能比在体育馆中练习投篮要提高得快呢？很简单，因为在你的想象中，你投出的球都会命中！成功者就是这样，在办公室、运动场不断地锻炼着自己，他们创造或模拟他们想要获得的经历，他们模拟成功，仿佛他们是第一个。成功者就必须是这样“表里如一”的人。

调查资料表明，世界上许多卓越的成功者都是心理模拟方面的大师。他们懂得让自我修养处于不断的提升中。他们虽然有时没有工作，但他们在不停的练习中使自己应对艰苦的工作时更得心应手了。他们知道想象是最好的工具，想象是成功者的天地。

　　成功者从来不半途而废，从来不投降，他们不断地鼓励自己、鞭策自己，并反复去实践，直到成功。

　　一个人的精力有限，时间有限，在有生之年，把握住自己真正的志趣与才能所在，专一地做下去，才可能有所成就。不但要有魄力，而且要有判断力，摆脱其他外物的诱惑，不为一切名利权位等虚荣而中途改道。这样，才能促成一个人事业的辉煌。

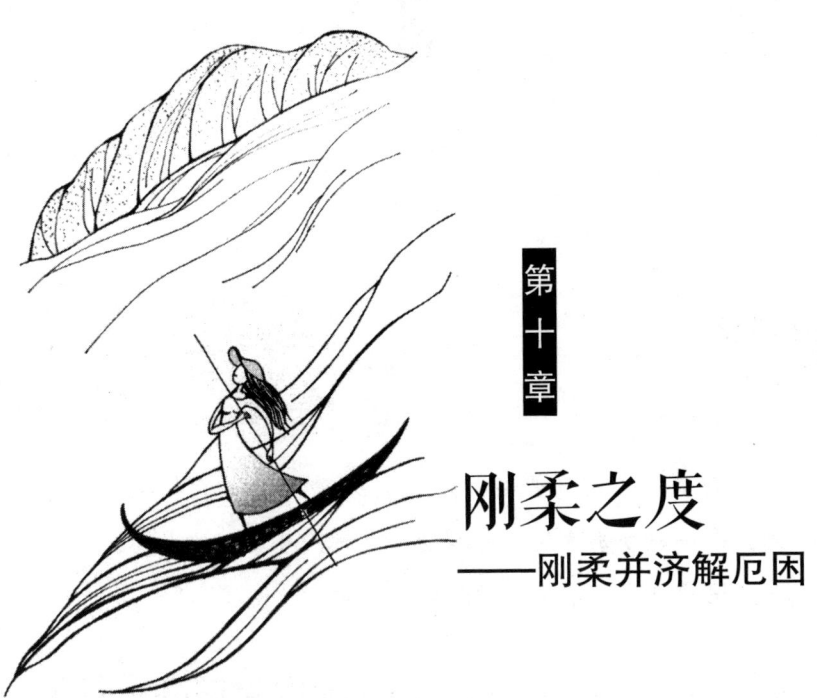

第十章

刚柔之度
——刚柔并济解厄困

很多人在待人接物处理问题时，不是太刚，就是太柔。如果你想做有成就的人，既不可太刚，也不可过柔，应做到有刚有柔，刚柔并济。

刚是一种威仪，一种自信，一种力量，一种不可侵犯的气概；刚是一个人的骨头，是人的精神内核。人不可无刚，刚是一个人成就事业的基础。

柔是一种收敛，一种风度，一种魅力，一种婉转绰约的姿态；柔是一个人的皮肉，是一种处世方法。人不可无柔，人生活在世间，总有七情六欲，总需要别人的帮助，因此，人际关系中，以"柔"为贵。

然而，刚柔也要有分寸，刚太过了，产生暴虐，便会折断；柔太过了，显得卑弱，便会靡软。如果能很好地理解刚与柔的道理，并把它用到日常工作中去，许多棘手的问题便可迎刃而解。

刚柔并济

刚是一个人的骨头，是人的精神内核；柔是一个人的皮肉，是一种处事方法。太刚则容易方，太柔则容易圆。方圆并用，刚柔并济，才是全面的处世方法。

刚是一种威仪，一种自信，一种力量，一种不可侵犯的气概；柔是一种收敛，一种风度，一种魅力，一种婉转绰约的姿态。人不可无刚，无刚则不能自立自强，不能自强则不能成功；人也不能无柔，无柔则没有亲和力，没有亲和力则陷入孤立。

曾国藩说："做人的道理，刚柔要互用，不可偏废。太柔就会萎靡，太刚就会折断。刚不是残暴，而是正直；柔不是软弱，而是谦退。趋事赴公，需要正直；争名逐利，需要谦退。"刚中有柔，柔中带刚，就会处处得心应手，获得别人的支持与帮助。所以，刚柔相济是处世的一大智慧。

曹参原本是汉高祖刘邦手下的一员大将，天下统一后被任命为齐国的宰相。在此之前，曹参在战场上骁勇善战，叱咤风云，但是在政治上却是个门外汉。所以他刚刚到齐国时，就聚集了国中所有的学者，就政治的问题请教他们。然而，大家各抒己见，莫衷一是，并且都持之有理，论之有据。这一切令曹参十分为难。正值此时，他忽然听说国中有一位精通老子哲学的人，于是马上派人请他过来。老人教给他一个十分具体的为政要诀，即"治道贵清静而民自定"。治道，即政治的方法是以清静为宗旨，如此一来，人民自然能够过上安定的生活。曹参听完这一席话，茅塞顿开，遵从了老人的指教。此后齐国在曹参的治理下社会安定，百姓安居乐业。他很快受到赞扬，堪称一代治国名相。

不久后，曹参以卓越的政绩被擢升为国府的丞相，在即将离任时，他叮咛接任的官员要慎重处理好人民的诉讼与市场的纠纷。接任者奇怪地问他为什么要特别注意这两项："政治之中不是还有很多其他项目比这两项更重要吗？"曹参提醒他："不然。在裁决中市场的善与恶是并存的。若加以严厉取缔，使得恶人没有容身之地，那么他们就会产生坏念头，从而破坏了社会的安定，因此你要特别注意这两个地方才是。"曹参的这番话，表现出他的为政方针是容许善恶的存在，也就是要用刚与柔的合理之处，只要能够掌握要点即可。

大有为而小无为，貌似无为，实则有为，眼下无为，长远有为是一种处世策略。

刚柔如何相济？俗话说：运用之妙，存乎一心。刚，不是施暴，不是动粗。柔，不是逃避，不是坐视不理，也不是放任自流。

先柔后刚。三国时刘备胸怀大志，但是机会不成熟，便示以柔弱，到处投奔，甚至一度终日种菜，忙于田圃之间。等机会来到，便紧紧把握，三顾茅庐请出诸葛亮，联孙权打败了曹操，进西川灭了刘璋，终成一番霸业。

先刚后柔。楚王宴请群臣。席间，突然一阵风吹熄了蜡烛。漆黑之际，楚王爱妃许姬悄悄告诉楚王，刚才有人乘机摸了她的手，而她也扯断了此人的帽带。不料，楚王听了之后，不仅命令不要点烛，还对众人说："大家都把帽子摘下来痛饮。"后来蜡烛重新点燃，大家都不戴帽子，也就看不出是谁的帽带断了。后来楚王伐郑，有一健将独率数百人，为三军开路，斩将过关，直逼郑的首都，使楚王声威大震。这位将军便是当年被许姬扯断帽带之人。

要善于宽别人之短，容别人之错。只要对方不是犯原则性的错误，则以柔软的方式处理为佳。因为人们的很多错误都是成长中的错误，是阶段性的产物，随着时间的变迁，他们也会逐渐意识到错误，我们若能以发展的眼光宽以待之，他们必会对我们心存感激，而有所回报的。

外柔内刚。韩信是一个外柔内刚之人。他胸怀大志，文武双全，但不锋芒毕露，也曾受胯下之辱。后来在楚汉战争期间，他向刘邦献"明修栈道，暗度陈仓"之策。明修栈道是柔，暗度陈仓是刚，以柔掩刚，刚以柔现，取得了出其不意的效果。

外刚内柔。汉朝大将卫青，有一次到各营寨巡查，忽然发现一个士兵没有入睡，而是在小声呻吟。一问方知，士兵腿伤未愈，脓水淤积于内，疼痛难忍。卫青见状，竟亲自伏下身去，用自己的嘴巴替士兵吸脓。卫青军纪极为严格，处罚士兵也不在少数，而所带兵士在战场上能忠心耿耿，骁勇杀敌，数次打败匈奴，以致让匈奴闻风丧胆。

吴起曾说过："夫总文武者，军之将也。兼刚柔者，兵之事也。"诸葛亮把刚柔相济用到了极致。马谡街亭惨败，对这个有才能又私交极深的将领如何处置，一度令诸葛亮十分头疼。当时蒋琬等人曾规谏诸葛亮宽恕马谡的过错，饶其一命。众人说："天下未定而戮智计之士，岂不惜乎！"诸葛亮当然心若刀绞，但是他还是清醒地意识到"四海分裂，兵交方始，若复废法，何用讨贼"这一要害问题，最终挥泪下令将马谡斩首示众，严肃军纪，以儆效尤。

　　如何处理好人与人之间的关系，这是每个身处社会中的人回避不了的和必须准确把握的问题。有人尚刚，有人尚柔。然而，太刚和太柔都是不可取的，只有做到刚中有柔，柔中有刚，刚柔相济，才能在为人处世上左右逢源，融通自在。

宽严适度

那些具有宽容精神的人，善于同别人"交换心理位置"，会站在对方的立场上，设身处地地为他人着想，推己及人，使之感到亲切、温暖、友善、安全，加深相互之间的理解，增强心理相容，形成上下沟通、共谋伟业的巨大合力。如果又能宽严适度、刚柔相济，那更是锦上添花，可达到更高的境界。

"海纳百川，有容乃大"是自古以来的一条古训，其寓意十分深刻，尤其是对于做好领导工作具有重要引导作用。一位优秀的领导者，必能做到宽宏大量，善于容纳别人，这是其必备的重要品质。

要做到心宽、目宽、言宽、下宽、量宽。

心宽。心就是指胸怀，要学会心胸开阔，游于天地，上下左右，皆悟于心。雨果说过："比海洋更宽阔的是天空，比天空更宽阔的是人的心灵。"说得真可谓精彩至极，论心胸者没有人能出其右。如果有了开阔的心境、博大的胸怀、恢宏的气量，悠悠千载，皇皇万物，那么还有什么不能理解，又有什么不可容纳的呢？齐桓公在建业时不计管仲杀身之仇而任其为相，成就了一代霸业，可以说是心宽的范例。

目宽。目就是指视野，要学会登高望远，目及八荒，识人辨物，延揽各方。在辩证法中，主要强调的是看问题要全面，这就是指视野要开阔一点。目宽了就会面广，面广了就会客观，客观了就会真实。这样就能选人得当、避免失察了。在我国历史上，曹操为了挖掘人才而发布"求贤令"，他举了姜子牙和陈平的例子，感慨地说："今天下得无有被褐怀玉而钓于渭滨者乎？又得无有盗嫂受金而未遇无知者乎？"这非常形象地表明了这位政治家的用人视野，因此留下一段善于发现人才的佳话。

言宽。言就是说言路，要学会兼听善纳，闻之则喜，从谏如流，择善而行。

下宽。是指在待人方面，要学会礼贤下士，爱惜人才，言传身教，成为别人的良师益友。做到宽以待人，既是一种美德，也是做到下宽的一个重要方法。不要片面地认为宽容就是软弱，因而一贯主张威猛严厉，经常拿"撤职""降薪"来威胁部属，使其提心吊胆，心有余悸，而不能正常发挥出其才能。实际上，宽容也是有力量、有信心、有涵养的表现，用之于治吏，通常会比严厉之举更有效。

量宽。量就是指气量，要学会胸怀坦荡，不分亲疏，不计私怨，一视同仁。在现实中，许多人的做法却与此相反，往往是亲者宽、近者宽，而疏者严、远者严。这就失去了一个优秀领导者的宽宏气度。正所谓"水至清则无鱼，人至察则无徒"，为了能充分调动各方面的积极因素，就应该加大容人之量，拓宽进言之路。容得下超过自己者——大胆重用，量才授职；而且还要做到能容不同意见者——虚心纳谏，真诚合作；能容反对自己且反对错了的——不计前嫌，不去猜忌；能容有短处缺点者——用之长处，避之短处，各尽其才。如果能做到这样，那么，你必能在你的周围聚集大批贤能之士、有用之才。

留点余地

待人处事，需要留有余地。客家谚语说得好："人情留一线，日后好见面。"留有余地，是进退自如，是收放从容，是处世艺术，是人生哲学。

但凡下过厨房的人都懂得，做菜时先要少放盐，因为味淡还可补救，味咸则难以"妙手回春"。掌握雕刻艺术，难在人物的面部塑造。雕刻技法中有一个原则，眼睛要先刻得小一点，鼻子要先刻得大一点。眼睛小了，可以刻大；鼻子大了，可以刻小。这都是为了在进一步完善时，留有修饰的余地。

某中学男生给自己的同班女生写了一张表达爱意的小纸条，结果女生把这纸条交给了老师，这位教师雷霆大怒，在众同学面前骂他"不知羞耻"，这位男生一气之下，从二楼跳了下去，造成腿部粉碎性骨折。

出现这样的恶果，我们不得不说，这在很大程度上是某些学校教育的缺憾。在处理这件事的过程中，涉事的教师显得急躁且缺乏耐心，没有做到沉下心来冷静思考。既没有给自己留出足够的时间和空间去深入思考问题的解决办法，也没有为自己和他人留下回旋的余地。这种仓促和冲动的处理方式，最终导致了事态的恶化。

确实，留有余地是一种美德，是一种智慧，是一份情怀。建筑楼群，要留有一些空地给绿树、给花草、给阳光、给空气；铺筑路面，每到一定的距离，便要留下"余地"，以免路面发生膨胀；书面"留白"，是给读者留下想象的空间；保护隐私，是给心灵留出一片隐秘的余地；保守批评，是给人留下改过自新的机会；含蓄表扬，是给人留下继续进取的余地。而如何留有余地，使之有空间有时间去思索、去领悟、去创新，则不仅是一种方法，更是一门艺术。

　　民间俗话说得好，"留的肥大能改小，唯愁瘠薄难厚加""内距宜小不宜大，切忌雕刻是减法"，做衣如此，雕刻如此，做人做事也是如此，教育我们的孩子又何尝不应如此呢？

　　无独有偶，当代著名教育家魏书生面对男孩女孩的"情感纸条""情感冲突"，他从来不当场处理，不当面处理，不"热处理"，总是过一段时间后，找一定的场合，采取不同的方式处理。有一次，在他的班级里，也发生了和上面那个故事类似的一幕。当魏老师接过一位男生写给女生的"纸条"时，是那样的平静，那样的若无其事，什么也没说，把"纸条"装到了自己的口袋里。第二天，在那位男生的作业本里也多了一张纸条，是魏老师写给这位学生的："小A同学，首先老师请你原谅我读了你写给小B的信。读后我一是佩服，二是惊喜：我佩服你有着这么好的文笔，字里行间流淌着一泓浓浓的情谊，你说你喜欢小B，这是你的权利，按说我不该过问，但是你应该清楚，学生以学习为根本，情感的问题还不是你现在就该拥有的；你让我惊喜的是'你长大了，懂事了，懂得了人间的真爱'。把那份爱的力量化作学习的动力，等你考上大学，完成学业时，老师愿做你的红娘，好吗？"

　　同样的故事，不一样的方法，不一样的结局。给自己、给他人留有余地，是一种做人的美德，是一门处世的学问，更是一种博大的智慧。

留有余地，做得到的，又有几位智者高人呢？

总之，在做事之前，在说话之前，过一过大脑，尽可能还是留点余地。

人生如水

　　　　水在坚定时，流水千遭不回头，顽石当前也要前进。跃动的河水，从不唱怀才不遇的悲歌，面前出现种种障碍，要么冲垮它过去，要么另辟蹊径前行。人生如水，意志如钢，百折不挠，无往不胜。

　　古今中外，对水的比拟甚多。一句"上善若水，水善利万物而不争"，指出最高尚的品德像给万物带来益处而不求回报的水一样，可谓把对水的比拟推向某种极致。感念世事人生，不觉便生出感慨：以水为镜，可映鉴人生。人生如水，方能潇洒一世。

　　平和心态静如水。唐代诗人刘禹锡感叹"长恨人心不如水，等闲平地起波澜"。人心虽不如水，但不等于不可以达致。水从高处来，只向低处流，乃至归入大海，贵在平静低调。人生如是，遇事当有平常心：知足者常乐——在名利问题上，没有奢望，就没有失望，更不会绝望；能忍者常安——除非大是大非，少争我高你低，忍耐、忍让一下也就海阔天空、心平气和了；老实者常在——不做亏心事，当个老实人，吃得香、睡得稳，有时眼前可能吃点亏，但最终不会吃亏。

　　正直为人明如水。水无颜色，晶莹剔透，清澈见底。为人处事，若透明如水，则一生光明磊落。弘扬正气，激浊扬清，须有此等清

澈本性，正直为人；待人接物，不分远近亲疏，一视同仁；人际交往，不搞拉帮结派，一泓清水；听到闲言，不搞兴师问罪，一笑置之；原则问题，不随波逐流，一身正气。

轻看名利淡如水。人生于世，若能学水的清澈本性和"利万物而不争"的品格，则不仅精神居于高处，人生也将进入开阔处。要达到如此境界，最需摆脱名缰利索的束缚。雁过留声，人过留名，想留个好名声，无可厚非，但不能为名所累。若淡泊名利，不为名利而争，人生必甚畅意。须知，"家有黄金万两，每日不过三顿；纵有大厦千座，每晚只占一间"。

笑对坎坷韧如水。"黄河之水天上来，奔流到海不复回"，坚定者是水；"抽刀断水水更流"，坚韧者是水。人生道路犹如九曲黄河，曲折坎坷不平坦。"不如意事常八九"，人的一生不可能一帆风顺。面对困难，面对坎坷，需有胸襟，更需坚定、坚韧。胜不骄、败不馁，宠辱不惊，贫富不移，处顺境而不张狂，陷困境而不沮丧，遇险境而不惊慌，遭逆境而不绝望。若此，则"不管风吹浪打，胜似闲庭信步"，"任凭风浪起，稳坐钓鱼船"。

智慧处事灵如水。水能滴穿顽石，能绕过障碍，能汇聚成海，灵动而智慧。人生在世，若能学水的灵动，则能在复杂多变的环境中游刃有余。面对难题，不拘泥于常规，善于变通；面对困境，不钻牛角尖，善于寻找新路径。在决策时，灵活果断，不拖泥带水；在行动中，随机应变，不墨守成规。不因一时的困难而停滞不前，不因一时的成功而固步自封。若能如此，则能在人生的道路上智慧前行，成就非凡。须知，"智者乐水"，灵动智慧之人，方能成就不凡人生。

　　司空见惯的水，点点滴滴都饱含着生活哲理，激荡着古今幽思，洗涤着凡人心灵，启迪人们去思考。

　　忙似水，闲也似水。水，流畅自然，刚柔相济，是点滴成海的液体。流水不争先，说忙也忙，说慢也慢，总是慢慢地流啊流，一滴一滴地积攒自己的力量。云者水也，云卷云舒，无拘无束，轻盈高洁，飘逸旷达，那真是一幅"云自无心水自闲"的悠闲境界。对于那些忙闲适度，忙中偷闲，崇尚自由的人，云水极有象征意义。

　　乐似水，愁也似水。水，清澈空灵，不求高位，不攀高门，无心显赫，低凹地方，安身立命，与世无争，知足常乐。河水流畅，微波起伏，错落有致，欢歌和谐。池塘湖泊，碧波荡漾，烟波浩渺，乐在宁静。山涧泉水，潺潺有声，乐在安闲与隐逸。众水之乐，共同之处，"低位处世"，显得轻松愉快。人生似水，逝者如斯，只要豁达大度，遇事往低走，何求不快乐。大凡生活中多愁善感的人，都是因为欲望超过现实，贪得无厌，利欲熏心，才觉痛苦。人生烦恼如流水，"抽刀断水水更流，举杯消愁愁更愁"，明白此理，不妨学一点水的生存方式："水往低处流。"

　　刚也似水，柔也似水。水滴石穿在于恒，柔可克刚贵在软。水在坚定时，流水千遭不回头，顽石当前也要前进；水在懦弱时，罐盛缸装也听之任之。跃动的河水，从不唱怀才不遇的悲歌，面前出现种种障碍，要么冲垮它过去，要么另辟蹊径前行。人生如水，意志如钢，百折不挠，无往不胜。"板柔极刚，攻坚攻硬""软过渡，硬过岗，软硬兼施"，千古名言，切不可忘。

　　善似水，恶也似水。水，蒸云化雨，滋养万物；沧海桑田，不弃泽惠；修塘筑堤，浇灌新生；降温祛病，消祸免灾；驱动机器，发电生能；荡涤污浊，自洁不腐……暴雨成灾，江河横溢，水土流失，冲毁田园，洪水猛兽，为害四方……善是水，恶也是水。水的笑容是浪花，水的险恶是漩涡。当船乘风破浪时，请别只欣赏浪花，忘记了暗礁。君者为舟，庶者为水，水可载舟，亦可覆舟。

平淡似水，辉煌也似水。真水无香，平淡无奇，无论将水盛在什么器皿里，仍然是淡而无味。天下什么东西最美？自然质朴最美。能本色者，乃大英雄也。一滴水，无香无色，放在阳光照耀下却会折射出七彩的光辉。人生似水，平平淡淡，然而，平淡之中有黄金，道理亦在于此。

人生，当如水之静，如水之明，如水之善，如水之韧。